Grün in allen Farben

ulmer

Lucy Bellamy
Fotos von Jason Ingram

Grün in allen Farben

Wie farbige Blüten und Blätter Atmosphäre in den Garten bringen

Inhalt

Von Veilchenblau bis rosarot

„Überlegen Sie, wie vorteilhaft es wäre, wenn man dort einen Hauch Farbe einbringen könnte, wo man ihn braucht.“
Vita Sackville-West

Ich bin ganz wild auf Farben. Ich will Erdbeerrot und Schwefelgelb, Veilchenblau und Raupengrün. Ich will Zimtorange mit Flammengelb, Lakritz und Schwarze Johannisbeere. Ich will Amethyst, Kitt und Rauchblau, die Übergangsfarbtöne, und Bonbonrosa und Purpur, die reich und elektrisierend sind.

Wir wissen alle instinktiv, dass Farbe gut für uns ist, und Farbe ist es auch, die mich in meinen Garten zieht. Die jüngste Forschung zeigt, dass die Zeit im Freien unsere Synapsen anfeuert, unsere Sinne rekalibriert, die Konzentration verbessert, Stress reduziert und unser Immunsystem stärkt. Das Einatmen von Phytonziden – von Pflanzen abgegebene antimikrobielle Substanzen – und der Kontakt mit gewissen Mikroben im Boden ist gut für Körper und Geist, hat das Potenzial unsere Stimmung zu bessern, die Herzfrequenz zu verringern, und wir fühlen uns insgesamt glücklicher. Man muss sich nicht einmal für Pflanzen interessieren, um ihre Wohltat zu spüren.

Da die meisten Menschen in Städten und dicht besiedelten Ballungszentren leben und die Planer im neuen Wohnungsbau immer kleinere Parzellen für das Wohneigentum vorsehen, spielt jede Freifläche, und sei sie noch so klein, eine bedeutende Rolle im Kampf gegen die Klimakrise. Ein kleiner Stadtgarten, selbst wenn er noch so winzig ist und nur Topfpflanzen beherbergt, ist ein lebendiger Kohlenstoff-Schwamm, der CO_2 aus der Atmosphäre aufsaugt und bindet. Außerdem bieten die Pflanzen Nahrung und Schutz für Bestäuber und viele weitere Lebewesen, so dass deren Anzahl und die örtliche Artenvielfalt erhöht wird. Ein Pflanzengemisch kann auch den Regen nach einem Unwetter aufnehmen, Überflutungen verhindern, Lufttemperaturen bei heißer Witterung herunterkühlen, insbesondere in Städten und Großstädten.

Wenn man Farbe in den Garten bringt, entsteht sofort eine Stimmung. Während die meisten unserer Mitmenschen wissen, welche Farben sie mögen und vielleicht auch, welche Farben sie gerne im eigenen Garten hätten, so kann es durchaus komplizierter sein, zu wissen, mit welchen Pflanzen man eine bestimmte Stimmung erzeugen kann.

Tauchen Sie nun also in lebensverändernde Farbe ein: Sie werden sehen, wie man Pflanzen auswählt und wie man sie auf kreative und erfinderische Art und Weise verwendet. Farbe sorgt dafür, dass wir uns lebendig fühlen, sie leitet und erdet uns. Selbst der kleinste Flecken draußen bietet Raum für Farbenfreude.

Tulpe 'Gavota' (*Tulipa*) und Tee-Rose 'Mutabilis' (*Rosa × odorata*)

Die Art und Weise, wie wir Blüten im Garten verwenden, verändert sich zunehmend – zugunsten einfacherer Blumen (kleiner, nicht gefüllt, mit Pollen oder Nektar), die den Bestäubern nutzen und den Naturformen der Pflanzen ähnlicher sind. Entsprechend anders fallen auch die Farbgestaltungen aus.

Farbe: Eine zeitgemäße Annäherung

Moderne Farben

Einfache Blüten, die sich nicht so stark von wild in der Natur wachsenden unterscheiden, verändern in Kombination mit nachhaltigeren Planungen unserer Gärten die Art und Weise, wie wir Farben draußen einsetzen.
Aus ist es mit üppigen, riesigen Blüten, die wie Farben aus der Malerpalette ausgewählt waren. Pflanzen mit derartigen Blüten, die möglichst groß gezüchtet wurden, benötigen viel Wasser sowie künstliche Düngemittel und Pestizide, damit sie schön wachsen. Bei dicht gefüllten Blüten wurden die Teile, die für die Bestäuber besonders nützlich sind – Nektarien, die den Pollen und Nektar beinhalten – zugunsten weiterer Blütenblätter weggezüchtet. Die Bestäuber finden kaum Platz in der Blüte und nur wenig oder gar keinen Pollen oder Nektar zum Verzehr.
Solche Pflanzen tragen nichts zur Artenvielfalt eines Gartens bei. Durch das Missverhältnis von wenig Stängel und Laub zu Blütenmasse müssen diese Pflanzen komplett nach dem Verblühen ersetzt werden. Das sorgt für einen großen CO_2-Fußabdruck durch Treibstoffkosten beim Transport, durch Plastik für die Töpfe und die möglicherweise anfallenden Kosten für deren Recycling.

Tulpensorten (*Tulipa*) 'Princess Irene' (orange), 'Queen of Night' (dunkelviolett) und 'Estella Rijnveld' (rot-weiß)

Stellen Sie sich stattdessen eine kleine Gartenfläche mit verschiedenen Lagen aus Textur und Farbe vor, wo sich Pflanzen unterschiedlicher Höhe und Form mischen und wiederholen, wo Farben auf Farben folgen. Ein Raum, in dem leuchtende, malerische Mohnblüten aufblitzen, Dahlien farbige Kleckse bilden und auf einem Reigen langer graziler Stängel die kleinen Blüten der Verbenen gemeinsam auftreten, um ein Aquarell der Farben entstehen zu lassen. Ein Ort, wo farbenfrohe Knospen den Weg für ebenso farbige Blüten frei machen; wo die Fläche um die Pflanzen herum ebenso wichtig ist wie der Raum, den sie füllen, so dass Licht hineinfällt, das durch Bewegung und Schattenspiel für Tiefe und noch mehr Farben sorgt.

Merck-Dahlie (*Dahlia merckii*)
Unten: Gewöhnliche Küchenschelle (*Pulsatilla vulgaris*)

Tulpe ‘Slawa’ (*Tulipa*) und
Einjähriges Silberblatt ‘Chedlow Glow’
(*Lunaria annua*)

Sukkulenten in kleinen Töpfen auf einem improvisierten Tisch und in einer riesigen Urnenvase. Man sieht *Echeveria* ‘Pink Champagne’, × *Pachyveria* ‘Opalina’, *Aeonium* ‘Pomegranate’ und *Sedum sediforme*.

Schlaf-Mohn ‘Lauren’s Grape’
(*Papaver somniferum*)

Planen Sie Ihren Raum

„Der Beitrag nachhaltiger Stadtgärten gegen den Klimawandel ist so wichtig, dass Nachlässe bei der Grundsteuer oder den Wassergebühren für jeden als Bonus angeboten werden sollten, dessen Fläche zu mehr als 50 % bepflanzt ist und nicht gepflastert oder versiegelt.“
Professor Ross Cameron,
Universität Sheffield

Bei einer Fläche von weniger als 30 m² ist dieser kleine Garten vollgepackt mit Pflanzen, was beim Betreten ein Gefühl des Eintauchens vermittelt. Pflanzen statt starrer Landschaftselemente umreißen die Fläche. Der warme Rosaton der Ziegelmauer verbindet sich mit den verschiedenen Purpur- und Pinktönen der Pflanzen wie Kugel-Lauch (*Allium sphaerocephalon*) und verstärkt so die Intensität der Farben.

Farbe in den Garten zu bringen schafft unmittelbar eine Atmosphäre, aber die Raumplanung – wie man alles arrangiert – bestimmt den Gebrauch des Gartens im Alltag. Heutzutage wünschen sich die meisten Menschen einen effizienten, multifunktionalen Außenbereich, der teils Lebensraum und teils Arbeitsplatz und drittens sozialer Raum zur Begegnung mit Familie und Freunden ist. Egal ob man die Arbeitszeit zeitweise im Home-office verbringt, sich einen Platz zum Abendessen draußen wünscht oder einen Ort, wo man nach der Arbeit mit dem Hund tobt, das kreative Layout ist der Ausgangspunkt für erfolgreiche Gartengestaltung. Denken Sie daher an die folgenden Punkte:

- Da viele von uns in städtischem Umfeld leben und die Planungsbüros neuer Wohnanlagen nur noch kleine Parzellen vergeben, kommt jedem Garten eine lebenswichtige Rolle im Kampf gegen die Auswirkungen des Klimawandels zu. Pflanzen in den absoluten Mittelpunkt der Konzeption des Außenraumes zu stellen, gehört ganz oben in die Liste der Nachhaltigkeit. Pflanzen filtern Schmutzteilchen, sie nehmen CO_2 auf, absorbieren Regenwasser, was Überflutungen nach Starkregen mildert und den Boden schützt. Sie bieten zudem Nahrung und Schutz für Bestäuber und weitere Wildtiere.

- Welche Pflanzen Sie auswählen und wie Sie sie einsetzen, ist in gleichem Umfang Teil der Gartengestaltung wie Anstrichfarben, Pflasterung und Pflanztöpfe. Eine Möglichkeit, um sie hervorzuheben, kann die Gestaltung neuer Beete inmitten der Anlage sein. Befreit aus den schmalen Rabatten und Beeten entlang der Gartengrenze, werden Pflanzen zu einem dynamischen Träger von Farbe.

- Besonders bei kleinen Flächen sollte man sorgfältig überlegen, was man beim Blick aus dem Fenster sieht, und man sollte sich hier einen schönen Anblick schaffen. Hinter gut platzierten Pflanzen einschließlich jener in Töpfen lassen sich Müll- und Recyclingtonnen effektiv verbergen. Ein hübsch bepflanzter Kübel kann den Eingang zum Fahrrad-Schuppen markieren oder einen fließenden Übergang zwischen Haus und Garten schaffen. Nahe an den Wänden sorgen die Pflanzen dafür, ein Haus an seinem Standort fest einzubinden, insbesondere im städtischen Raum.

Die Farben von Wänden oder Zäunen bestimmen bei kleinen Räumen das Aussehen und die Wirkung. Ein von der Natur inspirierter Farbton wie hier verstärkt die Farben der Pflanzen anstatt mit ihnen zu konkurrieren. Die Oberflächentextur hebt das Spiel von Licht und Schatten außerdem schön hervor.

Hohe texturgebende Pflanzen mit Farbtupfern wie z. B. Patagonisches Eisenkraut (*Verbena bonariensis*, oben purpurn) machen das Beste aus diesem langen schmalen Gartenraum neben dem modernen offenen Wohnhaus, indem sie Haus und Garten verbinden. Von außen wird die Architektur des Gebäudes erweitert und von drinnen ziehen die Pflanzen die Aufmerksamkeit hinaus in den Garten.

Ein gestrichener Holzzaun ist Kulisse dieses schattigen Gartens. Der dunkle Hintergrund verschmilzt mit den schattigen Lücken zwischen den Pflanzen. Das macht es schwierig zu sehen, wo sie aufhören und der Zaun beginnt. Dadurch wirken kleine Räume größer.

Ölweide 'Quicksilver' (*Elaeagnus*) und die hellrosa Blüten von Berg-Waldrebe (*Clematis montana*) verschwimmen schön mit diesem Wellblechzaun. Durch die horizontale Ausrichtung betonen seine Linien den hübschen malerischen Charakter.

Tulpen, Kardy (*Cynara cardunculus*) und Euphorbien wachsen in diese Fläche hinein. Der Silberton der Wellblechplatten wird vom blassen Kiesweg aufgenommen. Die Rostpatina wird von den dunklen Tulpenblüten zitiert.

Gegenüber: Rotbraune Tonfliesen schaffen bei diesem Stadtgarten zwischen drinnen und draußen einen verbindenden Übergang. Das Zementrosa der Außenmauer wirkt gleichzeitig neutral und aktuell, es verstärkt die Pflanzenfarben, ohne sie zu überlagern.

Das Braun der Corten-Stahlplatten setzt die blassen Farben davor in Szene. Der Kupferschimmer und die Patina lassen an Baumrinde und das gebrochene Licht im Unterholz denken, das diese schattenliebenden Pflanzen bevorzugen.

Im Kontrast zu dem Holzboden und den hölzernen Pflanzkübeln, sorgen diese kleinen Blüten für Farbtupfer und schaffen so eine lebendige Stimmung, wobei viel Raum für Gartenmöbel bleibt.

Baumaterial

Die Materialien, die Sie im Garten für feste Bauelemente wie Mauern und Bodenflächen auswählen, dienen als Grundfarbe, zu der Ihre Pflanzen wirken werden. Was Sie an den Wänden und auf den Böden verwenden, ist mehr als nur eine ebene Fläche für den Gartentisch oder die sichtbare Begrenzung des Gartens. Diese Materialien haben tiefgreifende Wirkung auf den Look und die Stimmung des Gartenraums. In einem kleinen Garten beschränkt man sich am besten auf maximal drei Materialien, etwa Corten-Stahl, Kupfer oder Baumwollstoff, zum Beispiel in Form der Gartenmöbel oder Dekorationsobjekte.

- Nutzen Sie die Lage des Gartens als Ausgangspunkt und wählen Sie Materialien aus, die zu dem passen, was Sie sehen. Zitiert man beispielsweise die städtische Landschaft, dann verankert man den Garten in seinem Umfeld und schafft ein Gefühl für den Raum. Von meinem eigenen kompakten Garten aus kann ich das Wellblech eines Garagendaches sehen, Holzzäune, Betonmauern, silberfarbene Zinkrohre und rosa getönte Ziegelmauern, was sich alles erfolgreich in der Materialpalette des Gartens wiederholen ließe.

- Wenn Sie bei Null anfangen, verwenden Sie das bestmögliche Material, das Ihr Budget zulässt, um Ihr Design zukunftstauglich zu machen. Verschiedene Baustoffe sind in unterschiedlichen Größen, Farben und Arten der Oberflächenbeschaffenheit erhältlich. Es reicht von rauem Beton über geflämmtes Holz mit Maserung bis hin zur Einförmigkeit von Ziegeln oder Pflastersteinen aus der Fabrik, die eine geometrische und architektonische Wirkung haben. Überlegen Sie, wie die ausgewählten Materialien bei unterschiedlichem Wetter aussehen werden und wie sie sich im Lauf der Zeit vielleicht verändern könnten. Materialien wie Holz, Schiefer oder Corten-Stahl werden bei Alterung schöner und verändern die Farbe hin zu einer markanten Patina.

Eine mit Feuerstein belegte Wand als Hintergrund für die dunkelbraunen Birkenzweige. Der biskuitfarbene – bei Architekten und Dekorateuren sehr beliebte – Fugenmörtel setzt die Unregelmäßigkeit des Flintbruchs schön in Szene.

- Berücksichtigen Sie den gesamten Garten einschließlich seiner Ausrichtung. Direkte Sonne lässt Farben intensiver erscheinen, während im Schatten blassere Materialien nützlich sind, um Licht in den Garten zurückzuwerfen. Die Veränderung der Lichtverhältnisse im Laufe des Tages kann auch günstig sein, um Details der Oberflächen hervorzuheben.

- Nehmen Sie sich Zeit, um zu erkunden, wie sich identische Materialien verschiedenartig nutzen lassen. Ein anderes Muster oder andere Abstände bei einzelnen Fliesen, Backsteinen oder Pflastersteinen machen einfache Materialien zu einer Besonderheit.

- Betrachten Sie die Bereiche, wo Pflaster, Wege und Mauern zusammenkommen. Harmonieren die verwendeten Materialien miteinander? Ein geschwungener Weg mit Ziegelsteinen in einem versetzten Muster, das sich am Übergang zu Kies auflockert, verstärkt bei kleinen Räumen das Gefühl von „Flow".

- Der Transport schwerer Baustoffe kann einen immensen CO_2-Fußabdruck verursachen. Denken Sie lokal und versuchen Sie, schon vor Ort vorhandene Materialien auf kreative Weise zu nutzen. Wenn Sie beispielweise neue Pflastersteine kaufen, bedenken Sie, wie dieses Pflaster hergestellt wurde und was das Recycling möglicherweise kosten könnte.

- Wenn Sie ein begrenztes Budget haben, verwenden Sie die hochwertigen Materialien an den Stellen, wo sie Sie am häufigsten sehen und nutzen, und wählen Sie günstigere Materialien für die restliche Fläche.

Der leicht rosafarbene Feinputz der Mauer hebt die strahlende Farbe des Lecoques Mohn 'Albiflorum' (*Papaver dubium* subsp. *lecoqii*) hervor.

Farbwahl

Technisch gesehen gibt es für den Garten eine unendliche Anzahl verfügbarer Farben. Die Reduktion der Palette auf eine geringere Zahl lässt jedoch Farberfahrungen zu, die bei einer großen Menge unterschiedlicher Farben nicht möglich wären. Da man Farben immer im Kontext ihres Umfeldes erlebt, erlaubt die eingeschränkte Palette die Verbindung von Farben, so dass durch die Pflanzen ein zusammenhängendes Design entsteht.

Betrachtung

Es ist ganz einfach, bei der Farbe von Pflanzen an die Farbe der Blüten zu denken. In den meisten Fällen handelt es sich dabei um die dominante Farbe der Pflanze, die zuerst ins Auge fällt. Aber es gibt einen Unterschied zwischen der Wahrnehmung einer Pflanze und der genauen Betrachtung, bei der man das Gesehene analysiert. *Dianthus carthusianorum* (Karthäuser-Nelke) hat leuchtend rosa Blütenblätter, die bei genauem Hinsehen eine Zeichnung in dunklem Pink tragen. In der Mitte sind die Blüten weiß und der Blütenkelch sowie die Knospen sind bräunlich rot. Die Stängel sind gräulich grün mit schmalen apfelgrünen Blättern.

Achtet man genau auf die Details, dann sieht man eine große Farbenvielfalt, aus der man jede Farbe zur Kombination mit anderen Pflanzen auswählen kann.

Ein genauer Blick auf die Karthäuser-Nelke (*Dianthus carthusianorum*) zeigt ein großes Spektrum an Farben, darunter Rosa, Dunkelpink, Weiß, Rot und Braunrot.

In dieser farbenreichen Kombination wird der dunkle Blütenkelch der Karthäuser-Nelke in den dunklen Flecken der Blüten des Schlaf-Mohn 'Lauren's Grape' (*Papaver somniferum*) aufgenommen. Die gelbe Mitte der Mohnblüte und nicht die Farbe der Blütenblätter findet ein Echo und Wiederholung in den gelben Blüten der Seidenhaar-Königskerze (*Verbascum bombyciferum*).

Um sich die genaue Betrachtung von Pflanzen zur Gewohnheit zu machen, kann man die Lieblingspflanze nehmen und dann alle Farben aufschreiben, die man sieht. Schauen Sie sich die Farben der Blütenblätter und Knospen an, mögliche Muster der Blütenblätter und ihre Unterseiten. Notieren Sie die Farbe des Kelchs und der Blütenmitte mit Staubblättern, Stempel, Narbe und Pollen, die Farbe des Stängels, der Blätter und eine mögliche Musterung der Blätter. Jeder dieser Aspekte eignet sich als Anknüpfungspunkt bei der Gestaltung einer überzeugenden Farbkombination.

Dann legen Sie eine Pflanzenliste an, in der Sie Pflanzen mit gleichen Farben erfassen. Das können die Farben der Blütenblätter, der Blütenmitte oder der Blätter bzw. Stängel sein. Selbst wenn eine Pflanze nur einen winzigen Farbaspekt des Favoriten teilt, passt sie in das Farbschema.

Abschließend bringen Sie Tiefe und Fülle in Ihren Plan, indem Sie Pflanzen mit helleren und dunkleren Nuancen der Grundfarben auswählen. Am einfachsten ist das, wenn Sie sich jede Farbe als Teil einer verschiebbaren Skala vorstellen, die man von Hell bis Dunkel auf- und abschiebt. Pflanzen, die Sie an diesem Punkt einplanen, bringen zusätzliche Farben mit, die Sie mit weiteren Pflanzen zur Erweiterung des Schemas kombinieren können.

Die vielen karamellbonbonfarbenen Blüten der Königskerze 'Petra' (*Verbascum*) sind an den Rändern gelb und heben sich wunderbar vom grellgelben Goldenen Alexander (*Zizia aurea*) ab. Die mahagonirote Blütenmitte der Königskerze wird von den Iris und den purpurroten Blüten des Großen Wiesenknopfs (*Sanguisorba officinalis* 'Arnhem') aufgenommen, der an anderer Stelle im Garten wächst.

Metallicrot, Grün und Braun

Lage schattig
Boden jeder

Diese Kombination für schattige Lagen bezieht *Helleborus × hybridus* 'Slaty Blue' (Christrose) mit ein und dazu passend die kleinen, gestreiften, olivgrün-pflaumenfarbenen Blüten der Kaiserkrone *Fritillaria acmopetala*. Die Blütenfarben dieser beiden Pflanzen ähneln sich stark im Ton und beide schimmern glänzend. Die dunkle Mittelrippe von *Dryopteris wallichiana* (Gebirgs-Wurmfarn) und etwas weniger ausgeprägt von *Asplenium scolopendrium* aus der Undulatum-Gruppe (Hirschzungenfarn) zitieren die rotbraune Farbe, während die frischen hellen Wedel zu den Hunderten von Grüntönen beitragen. *Helleborus foetidus* (Stinkende Nieswurz) hat lebendig grüne Blüten, die einen frischen Ton einbringen, der die anderen Farben ausgleicht und den Pflanzplan erweitern.

Gebirgs-Wurmfarn
(*Dryopteris wallichiana*)

Christrose 'Slaty Blue' (*Helleborus × hybridus*)

Hirschzungenfarn Undulatum-Gruppe (*Asplenium scolopendrium*)

Wiesenraute 'Anne' (*Thalictrum*)

Stinkende Nieswurz (*Helleborus foetidus*)

Kaiserkrone (*Fritillaria acmopetala*)

Wiesenraute 'Elin' (*Thalictrum*)

Purpur, Schwarze Johannisbeere und Rosa

Lage sonnig
Boden jeder

Dunklere und hellere Töne von Schwarzer Johannisbeere, Purpur und Rosa in unterschiedlicher Menge bestimmen diese hübsche Farbpalette. Im zeitigen Frühling zeigt *Fritillaria meleagris* (Gewöhnliche Schachblume) ihre purpurn und weiß karierten Blüten. Große Farbtupfer des Schlaf-Mohns *Papaver somniferum* 'Lauren's Grape' zitieren die Rottöne im Sommer. Ihnen folgen die Farbexplosionen von *Sanguisorba officinalis* 'Arnhem' (Großer Wiesenknopf). *Linaria purpurea* 'Canon Went' (Purpur-Leinkraut) hat winzige, Löwenmäulchen-ähnliche Blüten. In blassem Rosa öffnen sie sich schrittweise und sorgen für einen Hauch gedeckter Farbe. *Rosa × odorata* 'Mutabilis' (Tee-Rose) entwickelt purpurne Triebe und rote Knospen sowie apricotfarbene Blüten.

Schlaf-Mohn 'Lauren's Grape'
(*Papaver somniferum*)

Gewöhnliche Schachblume
(*Fritillaria meleagris*)

Purpur-Leinkraut 'Canon Went'
(*Linaria purpurea*)

Tulpe 'Ballade' (*Tulipa*)

Großer Wiesenknopf 'Arnhem'
(*Sanguisorba officinalis*)

Tee-Rose 'Mutabilis' (*Rosa × odorata*)

Purpurblättriger Echter Salbei
(*Salvia officinalis* 'Purpurascens')

Quitten-marmelade, Bitterorange und Mandarine

Lage sonnig
Boden jeder

Bitterorange, Mandarine und die Farbe von Quittenmarmelade sehen zusammen wundervoll aus und werden in dieser Gestaltung noch mit Glitzerflecken von Weiß und Gelb belebt. *Narcissus poeticus* var. *recurvus* (Dichter-Narzisse) eröffnet einen Reigen von Blumen in Weiß und Orangetönen. *Tulipa* 'Artist' folgt als nächste, wenn sie zwischen dem Blattwerk später blühender Stauden erscheint. Der grüne Streifen auf ihren Blütenblättern betont ihre unterschiedlichen Grüntöne. *Helenium* 'Moerheim Beauty' (Sonnenbraut) und die Herbstaster *Symphyotrichum* 'Oktoberlicht' haben senf- und kanariengelbe Herzen, was eine Schattierungsvariante einbringt. Beachtenswert ist auch das mahagonifarbene Herz von *Calendula*- und *Geum*-Blüten, was der Anlage Tiefe und zudem einen zusätzlichen Farbton gibt.

Dichter-Narzisse
(*Narcissus poeticus* var. *recurvus*)

Tulpe ‘Artist’ (*Tulipa*)

Nelkenwurz ‘Prinses Juliana’ (*Geum*)

Königskerze ‘Petra’ (*Verbascum*)

Garten-Ringelblume ‘Zeolights’ (*Calendula officinalis*)

Herbstaster ‘Oktoberlicht’ (*Symphyotrichum*)

Sonnenbraut ‘Moerheim Beauty’ (*Helenium*)

Kühles Blau, Lila und Gelb

Lage sonnig
Boden gut durchlässig

Inspiration für diese Palette aus Lila, Gelb und Blau sind die Farben von *Gladiolus papilio* (Schmetterlings-Gladiole), wobei Pflanzen mit Blüten in Tintenblau, Himmelblau, warmem Gelb und Violett bzw. Purpur verwendet werden. *Allium* 'Millennium' (Zierlauch) und *Salvia* 'Nachtvlinder' (Salbei) sind farblich hellere und dunklere Nuancen der Gladiolen-Blütenblätter, während die leuchtend gelbe *Tulipa sylvestris* (Wilde Tulpe) sich an die gelbe Zeichnung der Blütenspitzen anlehnt. *Cerinthe major* 'Purpurascens' (Wachsblume) wechselt in Abstufungen ihre Farbe von Blau nach Grün, was Verbindung schafft zur leuchtenden Traubenhyazinthe *Muscari aucheri* 'Ocean Magic'.

Wilde Tulpe (*Tulipa sylvestris*)

Schmetterlings-Gladiole
(*Gladiolus papilio*)

Zierlauch 'Millennium' (*Allium*)

Hohes Perlgras 'Alba'
(*Melica altissima*)

Große Wachsblume 'Purpurascens'
(*Cerinthe major*)

Salbei 'Nachtvlinder' (*Salvia*)

Traubenhyazinthe 'Ocean Magic'
(*Muscari aucheri*)

Violett, Gelb und Weiß

Lage halbschattig
Boden jeder

Blasse Farben eignen sich gut, um mehr Licht an schattige Flecken zu bringen, und dieses Farbsortiment verwendet Pflanzen, die im Halbschatten gut gedeihen. Sizilianischer Honiglauch (*Allium siculum*), der vormals der Gattung *Nectaroscordum* zugerechnet wurde, ist eine *Allium*-Art mit hängenden, rosa und grün gestreiften Blüten. Er passt gut zu den grün gestreiften Blütenblättern von *Tulipa* 'Spring Green' und wird durch die hellvioletten Blüten von *Lunaria annua* 'Corfu Blue' belebt. *Geum* 'Lemon Drops' (Nelkenwurz) nimmt das Cremegelb der Tulpenblüten auf. Dunkelpurpurnes *Allium hollandicum* 'Purple Sensation' trägt einen dunklen, reichen Farbton bei, der mit den anderen Farben der Palette kontrastiert.

Tulpe 'Spring Green' (*Tulipa*)

Sizilianischer Honiglauch
(*Allium (Nectaroscordum) siculum*)

Holländischer Lauch 'Purple Sensation'
(*Allium hollandicum*)

Schneeweiße Hainsimse
(*Luzula nivea*)

Nelkenwurz 'Lemon Drops' (*Geum*)

Einjähriges Silberblatt 'Corfu Blue'
(*Lunaria annua*)

Große Sterndolde 'Shaggy'
(*Astrantia major* subsp. *involucrata*)

Maulbeerfarben, Silber und Rosa

Lage sonnig
Boden gut durchlässig

Diese Kombination stützt sich auf die Farben von *Allium tripedale*, einer wilden, hoch aufragenden *Allium*-Art mit hell- und dunkelrosafarben gestreiften Blüten. Die rosa blühende *Astrantia major* 'Florence' (Große Sterndolde) teilt mit dem *Allium* das Rosa, während die Katzenminze *Nepeta* 'Six Hills Giant' und *Dierama robustum* (Trichterschwertel) ihren silbergrauen Touch aufnehmen. Die kräftigen, aber schlank aufwachsenden Blüten von *Allium stipitatum* 'Mount Everest' (Zierlauch) wiederholen die weißen Abzeichen an der Blütenspitze, die auch bei den winzigen Blüten von *Briza media* (Mittleres Zittergras) vorhanden sind.

Tulipa 'Ronaldo' hat eine pflaumenförmige Blüte mit weiß angestäubten Blütenblättern, so dass sie gut zu dieser lichtreflektierenden Farbpalette passt.

Trichterschwertel (*Dierama robustum*)

Große Sterndolde 'Florence' (*Astrantia major*)

Wildlauch (*Allium tripedale*)

Tulpe 'Ronaldo' (*Tulipa*)

Katzenminze 'Six Hills Giant' (*Nepeta*)

Zierlauch 'Mount Everest' (*Allium stipitatum*)

Mittleres Zittergras (*Briza media*)

Gelb, Rosa und Violett

Lage sonnig
Boden gut durchlässig

Verschiedene Nuancen der gleichen Farben sind der Schlüssel zu diesem Farbschema in Gelb, Rosa und Violett, wobei Lecoques Mohn (*Papaver dubium* subsp. *lecoqii* 'Albiflorum') als Referenzfarbe dient. Die leuchtend rosafarbenen Blütenblätter dieses Mohns, die einen weißen Fleck an der Basis haben, die fast schwarzen Staubbeutel und der zitronengelbe Stempel passen farblich zu den violetten Blüten von *Salvia sclarea* (Muskateller-Salbei), den kleinen silbrig weißen Blüten von *Ammi majus* (Bischofskraut) und den gelben und grünen Blüten von *Euphorbia oblongata* (Balkan-Wolfsmilch). *Salvia sclarea* trägt silbernes Laub, was seine Vorliebe für sonnige Standorte verrät, und die Blätter werfen das Licht zurück. Das wirkt wie ein Echo auf die durchscheinenden, hauchdünnen Blüten des Mohns.

Balkan-Wolfsmilch (*Euphorbia oblongata*)

Bischofskraut (*Ammi majus*)

Muskateller-Salbei (*Salvia sclarea*)

Lecoques Mohn (*Papaver dubium* subsp. *lecoqii* 'Albiflorum')

Lakritz, Rosa und Blau

Lage sonnig
Boden jeder

Diese auf Textur ausgelegte Kombination besticht durch kleine Blütchen und wiederholte Muster. Salbei, Katzenminze und Verbene haben quasi transparente Eigenschaften, sie wirken besonders in ihrer Vielzahl als Gruppen. *Verbena officinalis* 'Bampton' (Echtes Eisenkraut) gehört zu meinen Lieblingspflanzen für kleine Parzellen, da sie durch ihre lakritzfarbenen Stängel und die kleinen dunklen Blättchen sowie durch die rosafarbenen Blüten besonders hervorsticht. Bei dieser Pflanzgestaltung gibt sie das Farbecho für zwei Pflanzenteile – die fast schwarzen Stängel von *Salvia nemorosa* 'Caradonna' (Steppen-Salbei) und die rosa Blüten von *S.* 'Dyson's Joy' (Salbei).

Salbei 'Dyson's Joy' (*Salvia*)

Steppen-Salbei 'Caradonna'
(*Salvia nemorosa*)

Echtes Eisenkraut 'Bampton'
(*Verbena officinalis*)

Traubige Katzenminze 'Walker's Low'
(*Nepeta racemosa*)

Schmucklilie 'Black Magic'
(*Agapanthus*)

Herbstaster 'Little Carlow'
(*Symphyotrichum*)

Echter Lavendel 'Hidcote'
(*Lavandula angustifolia*)

Pflanzenwahl

Bei der Auswahl der Pflanzen, die man im eigenen Garten kultivieren möchte, muss man unbedingt die Umweltbedingungen berücksichtigen, also das Mikroklima des Gartens. Wenn man Pflanzen auswählt, die von Natur aus für die Standortbedingungen (Sonne oder Schatten) und den Bodentyp geeignet sind, gedeihen sie ohne große Mühe. Die englische Gärtnerin Beth Chatto (1923–2018) prägte den berühmten Ausspruch „die richtige Pflanze am richtigen Ort", um auf die Wichtigkeit hinzuweisen, dass eine Pflanze in Übereinstimmung mit ihren bevorzugten Bedingungen gesetzt werden sollte, welche man aus dem Lebensraum ablesen kann, in dem sie wild wächst. Beachtet man diese individuellen Ansprüche der Pflanzen im eigenen Garten, so entsteht ein Raum, der weniger Aufwand und mehr Spaß bei der Pflege bedeutet.

Da Pflanzen mit gleichen Standortansprüchen oftmals auch ähnliche physische Merkmale zeigen, bedeutet dies aus Sicht des Designs, dass die ausgewählte Pflanzenpalette gut zusammenpasst und sich instinktiv richtig anfühlt.

Königskerze 'Petra' (*Verbascum*) und Nelkenwurz 'Alabama Slammer' (*Geum*)

Bodenarten

Den Boden zu kennen ist der Schlüssel zur Auswahl der am besten geeigneten Pflanzen. Er setzt sich aus Sand, Schluff und Ton in unterschiedlicher Gewichtung zusammen, dazu kommen organische Stoffe, im Boden lebende Insekten und Mikroorganismen, Luft und Wasser. Ein **sandiger Boden** ist durchlässig. Er ist anfällig für Trockenheit und Nährstoffe sind nur beschränkt verfügbar. Dafür ist er ist leicht und einfach zu bearbeiten. Ein reiner **Schluffboden** ist sehr selten. Er ist recht fruchtbar, neigt aber zur Verdichtung. Ein **toniger Boden** nimmt viel Wasser auf und ist sehr nährstoffreich. Er ist schwer und kann nicht gut bearbeitet werden. Ein **lehmiger** Boden ist die ausgewogene Mischung. Zur Bestimmung des Bodens nehmen Sie eine Handvoll auf und drücken ihn leicht zusammen, dann öffnen Sie die Faust. Wenn der Boden in Form bleibt, ist es toniger Boden. Wenn er sofort zerbröselt, ist es sandiger Boden, und wenn er die Form hält, bei leichtem Druck aber zerkrümelt, dann ist es lehmiger (oder selten schluffiger) Boden.

Sehr viele der Pflanzen mit schmalen Blättern gedeihen in wasserdurchlässigen Böden, wie die Knoblauchs-Kaplilie (*Tulbaghia violacea*). Ein silbrig aussehendes Laub weist darauf hin, dass die Pflanze an sonnige Plätze angepasst ist.

Lage

Die Lage des Gartens, also vom Haus aus gesehen die Ausrichtung nach Norden, Süden, Osten oder Westen, bestimmt die Lichtverhältnisse. Die Menge von Sonnenlicht oder Schatten und die Stellen, wohin sie im Tageslauf fallen, verändern sich täglich, monatlich und im Jahreslauf. Wenn Sie die Lage ihres Außenbereichs analysieren, werden Sie besser verstehen, wie sie ihn nutzen und was Sie wohin pflanzen können. Auf der Nordhalbkugel ist ein nach Süden ausgerichteter Garten am sonnigsten, weil die Sonne beim Lauf von Osten nach Westen direkt darüber steht. Ein Garten zur Nordseite hin liegt überwiegend im Schatten, weil das Haus die direkte Sonne verstellt. Ein Garten auf der Ostseite ist morgens sonnig und nachmittags bis zum Abend schattig. Auf der Westseite herrscht morgens Schatten und nachmittags liegt er in der Sonne, im Sommer bis in den Abend hinein. Wenn der Garten mehr als sechs Stunden lang in der Sonne liegt, gilt die Lage als sonnig, auch wenn das im Winter nicht zutrifft. Auf der Südhalbkugel sind die Verhältnisse umgekehrt.

Weitere Faktoren können die Menge an Sonnenlicht in Ihrem Garten beeinflussen, darunter benachbarte Gebäude, die einen starken, undurchdringlichen Schatten werfen, oder überhängende Bäume, die nur gebrochenes Sonnenlicht hindurchlassen.

Eine Beschränkung auf die an Bodenart und Lage des Gartens angepassten Pflanzen führt nicht nur dazu, dass sie sicher gedeihen, sondern auch dazu, dass die Pflanzenpalette gut und richtig aussieht. Pflanzen, die bei gleichen Bedingungen gedeihen, ähneln sich in physischer Hinsicht und ergänzen einander. Beispielsweise haben an Sonne angepasste Pflanzen oft kleine oder schmale Blätter, um den Wasserverlust durch Verdunstung gering zu halten, sie sind oft silberfarben, um die Hitze zu reflektieren, Schattenpflanzen tragen große oder breitere Blätter, um so viel Sonnenlicht wie möglich einzufangen.

Schichten

In der Natur wachsen Pflanzen mühelos in Etagen. Dadurch dass die Triebe von *Galanthus* (Schneeglöckchen) an der Spitze verhärtet sind, können sie durch den gefrorenen Boden kommen und im ersten Sonnenlicht vor der Bildung des Blätterdachs über ihren Köpfen blühen. Sie bilden eine niedrige Schicht. Ebenso *Primula* (Primeln), sie lieben das diffuse Licht im Halbschatten unter Laubbäumen. In einer sommerlichen Wiese ragen *Leucanthemum vulgare* (Margeriten) und Hahnenfuß über die niedrig wachsenden Süßgräser hinaus, bleiben aber niedriger als *Anthriscus sylvestris* (Gewöhnlicher Wiesen-Kerbel). Und alle wetteifern darum, die Aufmerksamkeit vorbeifliegender Bestäuber zuerst auf sich zu lenken.

Es macht einen großen Unterschied, wie man Pflanzen im Garten arrangiert. Die Kombination von niedrigeren und höheren Pflanzen schafft Textur und filtert das Licht – dadurch kann eine einfache Farbpalette in eine Vielzahl von Farbtönen verwandelt werden.

Manche Pflanzentypen bieten sich aufgrund ihrer physischen Eigenschaften gut zu solcher Verwendung an.

Die architektonisch wirkenden, grün-rosa Blüten des Sizilianischen Honiglauchs (*Allium (Nectaroscordum) siculum*) schweben über den blauvioletten Steppen-Salbei *Blüten* (*Salvia nemorosa* 'Caradonna').

Pflanzen mit scheinbar schwebenden Blüten

Pflanzen wie *Orlaya grandiflora* (Strahlen-Breitsame), *Allium (Nectaroscordum) siculum* (Sizilianischer Honiglauch) und *Tulbaghia violacea* (Knoblauchs-Kaplilie) haben sehr dünne, aufragende Stängel, die im Gegensatz zu den Blüten fast unsichtbar wirken. Daher scheinen die Blüten zu schweben, als hingen sie in der Luft. Derartige Pflanzen sollte man am besten abgezählt in wiederholtem Muster setzen und mit den Abständen spielen.

Knoblauchs-Kaplilie (*Tulbaghia violacea*)

Über dünnen Stängeln und spärlichen Blättern scheinen die weißen Dolden der Strahlen-Breitsame (*Orlaya grandiflora*) zu schweben und in kleinen Gärten springt der Blick von einer Blüte zur nächsten.

Die winzigen Blüten vom Patagonischen Eisenkraut (*Verbena bonariensis*), Purpur-Leinkraut 'Canon Went' (*Linaria purpurea*), Echten Eisenkraut 'Bampton' (*Verbena officinalis*).

Pflanzen mit winzigen Blüten

Transparent wirkende Pflanzen wie *Linaria purpurea* 'Canon Went' (Purpur-Leinkraut), *Verbena officinalis* 'Bampton' (Echtes Eisenkraut) und *Sanguisorba officinalis* 'Arnhem' (Großer Wiesenknopf) haben hunderte winziger Blüten, die sich gleichzeitig öffnen und gemeinsam einen Farbenschleier bilden. Die geringe Größe und die Abstände der Blüten geben der Pflanze den Anschein von Transparenz, wodurch man sehen kann, was hinter ihr noch wächst. Obwohl die einzelnen Blüten winzig sind, kommen sie in großer Anzahl und der Farbennebel, der dadurch entsteht, ist wie ein dünner Vorhang, durch den man kontrastierende Farben sieht.

Sich an den Boden schmiegende Pflanzen

Während manche Pflanzen groß und luftig in die Höhe wachsen, bleiben andere niedrig und dicht. Der Raum über den am Boden kauernden Pflanzen ist genauso bedeutend wie die Fläche, die sie einnehmen. Sie sind ein nützlicher Unterbewuchs für höher wachsende Pflanzen, betonen deren Erhabenheit und lassen ihnen den Raum, den sie zum Einfangen des Lichts benötigen. Außerdem fungieren niedrig wachsende Pflanzen wie Mulch, der die Erde bedeckt und beschattet. Dadurch verringert sich die durch Sonne und Wind hervorgerufene Trockenheit. Das für den Garten zusätzlich benötigte Wasser lässt sich auf ein Minimum reduzieren.

Niederliegender Rosmarin (*Salvia rosmarinus*) ist ein ausdauerndes Grün in jedem Garten. Das schmale Blattwerk bildet eigene Muster.

Pflanzen mit ungefüllten und gefüllten Blüten

Eine gefüllte Blüte ist so gezüchtet, dass sie mehrere Lagen von Blütenblättern besitzt, im Gegensatz zur einfachen Blüte, die nur eine Reihe hat. Diese ungefüllten Blüten haben einen grafischen Umriss, der auf kleiner Fläche besser zur Geltung kommt als die gefüllten, und ihre Blütenblätter fangen das Licht leichter ein.

Es gibt mehrere Möglichkeiten, wie die Füllung zustande kommen kann. Eine davon ist, dass Staubblätter (die den Pollen liefern) zu sekundären Petaloiden, die den Petalen (Kronblättern) ähneln, umgewandelt werden. Folglich hat die Blüte keinen oder kaum Pollen bzw. Nektar. Auch finden die Bestäuber kaum Platz, um in die Blüte zu kriechen.

Ungefüllte Blüten können von den Bestäuberinsekten besser besucht werden. Bei diesem Körbchenblütler (*Dahlia* 'Bishop of Auckland') fängt eine einzelne Reihe von Zungenblüten das Licht ein und und lässt die Farbe leuchten.

Bei diesem Pflanzschema bildet die Farbe von *Verbascum phoeniceum* 'Violetta' (Purpur-Königskerze) eine Antwort auf *Allium* 'Millennium' (Zierlauch), aber in einem helleren Farbton. Das leuchtende Orange von *Geum* 'Totally Tangerine' (Nelkenwurz) wird durch das gelbe Blatt und die Stängel von *Deschampsia* (Schmiele) wieder aufgenommen. Die kleinen Blüten des Grases zeigen einen rosafarbenen Ton, der in den *Allium*-Blüten ebenso vorhanden ist.

Jahreszeitlicher Wandel

Zu unterschiedlichen Zeiten blühende Pflanzen auswählen

Veränderung im Lauf der Jahreszeiten ist eine gute Sache – die Forschung hat gezeigt, dass wir uns unseren Gärten stärker verbunden fühlen, wenn wir den tagtäglichen Wandel wahrnehmen. Wahrnehmung heißt oft, dass wir genauer hinsehen und uns auch Details zuwenden.

Manche Pflanzen blühen früh im Jahr, wobei sie den Vorteil des Lichts und der Bodenfeuchtigkeit im Frühling nutzen, um im Wettbewerb darum voraus zu sein. Zwiebelpflanzen wie Tulpen können das besonders gut. Andere Pflanzen verbringen fast den ganzen Sommer damit, Ressourcen unter der Erde anzulegen, um dann spät in der Saison ein Feuerwerk der Blütenfarben zu präsentieren. Mischung und Zusammenstellung von Pflanzen, die zu unterschiedlichen Zeitpunkten erblühen, ist eine wunderbare Art, um einen fortwährenden Kreislauf der Farben zu sichern.

5 Frühblüher

Lunaria annua 'Corfu Blue'	1
Salvia rosmarinus	
Thymus 'Fragrantissimus'	
Tulipa 'Artist'	
Tulipa sylvestris	2

1

2

6 Spätblüher

Anemone 'Wild Swan' ('Macane001')	1
Dahlia merckii	2
Dierama pulcherrimum	3
Salvia patens	4
Sanguisorba tenuifolia var. *alba*	
Symphyotrichum 'Little Carlow'	5

1

2

3

4

5

Saisonübergreifend blühende Pflanzen

Verwenden Sie Pflanzen, die durchgängig länger als eine Jahreszeit blühen, neben schnell vergänglichen Blüten. Die ihre Blütenfarbe verändernde Tee-Rose *Rosa × odorata* 'Mutabilis' ist ein echter Dauerläufer, sie beginnt im Spätfrühling und blüht bis in den Herbst. Andere Pflanzen wie *Papaver* (Mohn) sind flüchtiger – und dennoch wertvoll in der Kombination.

Rosa × odorata 'Mutabilis'	1
Papaver dubium subsp. *lecoqii* 'Albiflorum'	2

1

2

Halten Sie Ausschau nach „Farbwechslern“

Wählen Sie Pflanzen aus, die sich im Lauf des Jahreszyklus verändern, indem sie verschiedene Farben beitragen, während sie sich von Knospe zu Blüte oder von Blüte zu Fruchtstand/Samen weiterentwickeln. Manche Arten sind mit Knospen oder Samenständen genauso farbenfroh wie in der Blühperiode und wechseln die Farben. *Pulsatilla vulgaris* (Küchenschelle) hat im Frühling purpurrote Blüten mit gelbem Grund, die sich im Sommer zu vanillefarbenen Samenständen entwickeln.

6 Bunte Samenstände

Eschscholzia californica 'Ivory Castle'	
Eryngium eburneum	2
Papaver somniferum	
Pulsatilla vulgaris	1
Symphyotrichum 'Little Carlow'	3
Thalictrum delavayi	4

1

3

4

2

Salvia 'Dyson's Joy' (Salbei) und *S. nemorosa* 'Amethyst' (Steppen-Salbei) passen beide gut zu den rosafarbenen Blüten von *Papaver dubium* subsp. *lecoqii* 'Albiflorum' (Lecoques Mohn). Die Samenkapseln des Mohns haben einen irisierenden Schimmer, der das Licht einfängt und die Aufmerksamkeit auf die weißen Streifen der Salbeiblüten lenkt.

Treffen Sie eine kluge Pflanzenauswahl in kreativen Kombinationen. Zur Inspiration lernen Sie nun sieben kleine Gärten kennen.

Sieben kleine Gartenräume

Malerpalette 1

Lage sonnig
Boden gut durchlässig

Der öffentliche Garten *The Exchange* in Erith, Greater London, den die Landschaftsarchitektin Sarah Price mit dem leitenden Gärtner Colin Stewart plante, dreht sich um die Farben Purpur, Karminrot, Silber und Rosa. Ein Zaun mit Eisengitterstäben zeigt den städtischen Standort des Gartens und er bildet den Hintergrund für eine malerische Pflanzenkombination. Der metallische Ton der silberblättrigen Ölweide *Elaeagnus* 'Quicksilver' und der Kardy *Cynara cardunculus* sorgt für Helligkeit und bietet einen feinen Kontrast zwischen den helleren Grüntönen. Ihre Farben heben die nuancenreichen, aber in der Palette gezielt eingeschränkten Blütenfarben hervor. *Rosa* × *odorata* 'Mutabilis' (Tee-Rose) hat im Frühling rotbronzefarbene Knospen, die sich zu apricotfarbenen Blüten öffnen. Mit zunehmendem Alter verdunkeln sie sich zu Purpur. Die Rose passt besonders gut zur zweifarbigen Tulpe *Tulipa* 'Slawa' und der gestreiften *T.* 'Spring Green', die beide eine helle Note einbringen. Sie lockern das Schema und lassen die anderen Farben im Garten lebendiger wirken. Aus den schmalen Beeten und Rabatten befreit, imitiert der Pflanzplan die Art und Weise, wie sie in der Natur wachsen würden. Da sie in der Mitte des Raumes zusammenkommen, werden die Farben hervorgehoben.

Ziegelsteine in Erdtönen, die für einen Weg im Fischgratmuster verlegt wurden, und ein kupferfarbener Tisch bilden zusätzliche Ebenen von Farben, welche die Farben der Pflanzen eher ergänzen als mit ihnen zu konkurrieren. Auch sie ergießen sich in die Mitte des Raumes.

Verwendete Pflanzen

Clematis montana ★ **Berg-Waldrebe**

Cynara cardunculus ★ **Kardy**

Dryopteris erythrosora ★ **Rotschleier-Wurmfarn**

Elaeagnus 'Quicksilver' ★ **Ölweide**

Euphorbia ★ **Wolfsmilch**

Lunaria annua 'Chedlow Glow' ★ **Einjähriges Silberblatt**

Pinus halepensis ★ **See-Kiefer**

Rosa × *odorata* 'Mutabilis' ★ **Tee-Rose**

Tulipa 'Slawa' ★ **Tulpen-Sorte**

Tulipa 'Spring Green' ★ **Tulpen-Sorte**

- Die Kombination aus sorgfältig ausgewählten Pflanzen und wohlüberlegten Materialien in einer schmalen Bandbreite eines abgestimmten Farbspektrums lässt einen zusammenhängenden Raum entstehen, bei dem die Farbe sich bis an die Grenzen des Gartens ausdehnt.
- Im Frühling blühende Zwiebelpflanzen sind zur Betonung der Jahreszeiten sehr nützlich. Einfach aus Zwiebeln zu ziehen, werden die Tulpen im Herbst gesetzt und sind in einem riesigen Farbspektrum erhältlich.
- Unterschiedliche Pflanzen werden je nach Mikroklima an verschiedenen Stellen verwendet. In der Sonne spielen *Lunaria annua* 'Chedlow Glow' (Einjähriges Silberblatt) und Tulpen mit silberblättrigen Kardy. Am Fuß einer Mauer machen es sich Farne und blaublättrige *Viola labradorica* (Labrador-Veilchen) im trockenen Schatten gemütlich.
- Ziegelsteine auf den Wegen werden im Fischgratmuster verlegt, was das Muster aus den Innenräumen aufnimmt und einen fließenden Übergang zwischen den beiden Räumen schafft.
- Pflanztöpfe in unterschiedlichen Größen und Formen wiederholen die Farben des Gartens. Größere Kübel müssen nicht so oft gegossen werden wie kleinere und sind auch leichter zu pflegen.

Gegenüber: Im Schatten der Stufen spielen die rostrot schimmernden Farne und die silbrigen Zapfen der See-Kiefer (*Pinus halepensis*) mit dem rostfarbenen Ton des Geländers und der grauen Mauer aus Schlackenbetonblöcken.

Sonnenlicht kommt gefiltert durch die höchsten Pflanzen, hier Ölweide 'Quicksilver' (*Elaeagnus*), und fällt bis zu den unteren Etagen.

Die sich entfaltenden Wedel des Rotschleier-Wurmfarn (*Dryopteris erythrosora*) wiederholen die Farben, die andernorts schon zu sehen sind.

Die Pflanzen, die in der Freifläche wachsen, wiederholen sich in den Töpfen, wodurch beide Bereiche nahtlos ineinander übergehen. Das zweifarbige Einjährige Silberblatt (*Lunaria annua* 'Chedlow Glow') führt das zweifarbige Thema der Tulpen fort und sorgt als Bonus im Herbst noch für silberfarbene Samenstände.

Die geometrische Pflasterung scheint dort in Fragmente aufzubrechen, wo sie auf die Pflanzen stößt, was die fließende Gestaltung verstärkt.

Die ihre Farbe wechselnde Tee-Rose (*Rosa × odorata* 'Mutabilis') ist im Einklang mit anderen vor Ort verwendeten Pflanzen.

Die zweifarbigen Tulpensorten *Tulipa* 'Slawa' oben und *T.* 'Spring Green' (rechts) sind zuverlässige Mehrjährige, die in jedem Frühling erneut blühen.

Die riesigen, gesägten, silbernen Blätter von Kardy (*Cynara cardunculus*) bringen Leichtigkeit ins dunklere Grün.

Die Patina der eisernen Einzäunung lässt die silbrig-rosafarbene Berg-Waldrebe (*Clematis montana*) und Ölweide (*Elaeagnus* 'Quicksilver') deutlich hervortreten.

Verwendete Pflanzen

Betula 'Fascination' ★ **Birke**

Erysimum 'Bowles's Mauve' ★ **Goldlack**

Geranium 'Rozanne' ('Gerwat') ★ **Storchschnabel**

Nepeta 'Six Hills Giant' ★ **Katzenminze**

Pennisetum alopecuroides 'Hameln' ★ **Japanisches Federborstengras**

Poa labillardierei ★ **Neuseeländisches Rispengras**

Salvia × sylvestris 'Mainacht' ★ **Hybrid-Salbei**

Alles in Blau [2]

Lage sonnig
Boden lehmig

Rauchblau, Lila und Rosa stehen im Mittelpunkt dieses Designs von Miria Harris für einen kleinen Stadtgarten. Blau blühende *Nepeta* 'Six Hills Giant' (Katzenminze), die lila *Salvia × sylvestris* 'Mainacht' (Hybrid-Salbei), purpurner Storchschnabel *Geranium* 'Rozanne' ('Gerwat') und der rosafarbene mehrjährige Goldlack *Erysimum* 'Bowles's Mauve' bilden eine mosaikartige Unterpflanzung für eine Reihe kleiner Bäume, die zur Größe des Gartens passen. Die Birke *Betula* 'Fascination' zeigt sich im Lauf der Jahreszeiten veränderlich und ihre verzweigten Stämme sorgen für einen informellen Touch, der gut zur Gartengestaltung passt.

Die Wirkung von *Poa labillardierei* (Neuseeländisches Rispengras) ist groß im Vergleich zum Platz, den es einnimmt. Die schwebenden Blüten wirken scheinbar transparent und passen zu dem strahlenden Weiß der abblätternden Birkenrinde. Beide zusammen betonen gekonnt die Blau- und Lilatöne des Pflanzplans.

Ein mit Stufen versehener Holzboden gliedert den Raum in einen mehrteiligen Garten mit verschiedenen sonnigen oder schattigen Stellen.

Aus dem Haus betrachtet rahmt ein rechteckiges Fenster den Blick hinaus in den Garten. Man sieht eine farbenfrohe und blattreiche Szenerie, die das Auge nach draußen lenkt und ständig an den lebendigen Garten erinnert.

Goldlack 'Bowles Mauve' (*Erysimum*)

Katzenminze 'Six Hills Giant' (*Nepeta*)

- Die Designerin Miria Harris bringt die Pflanzen bis an die Wände des Hauses, was eine Atmosphäre von Abgeschiedenheit und das Eintauchen in die Natur spüren lässt.

- Mit ihrer zarten Krone filtert die Birke das Licht und wirft Schattensprenkel, zudem dämpft sie den Lärm der Straße draußen.

- Eine durchdachte Kombination von hoch und niedrig wachsenden Pflanzen schafft interessante Etagen, die den Blick weg von den Gebäuden außerhalb des Zaunes tiefer in den Garten lenken.

- Der Weg mit Stufen lässt den Garten schrittweise erschließen, so dass der Garten größer wirkt als ohne diesen Kniff.

Die Birke 'Fascination' (*Betula*) hat eine lichte Krone, unter der andere Pflanzen gut gedeihen.

Die Farben im Garten werden durch die Farbe der Hauswände verstärkt, deren Apricot an den Rosaton der Pflanzen erinnern.

Gegenüber: Von drinnen gesehen, ist der Blick auf den Garten wie ein Bildausschnitt voller Farben, dicht bepflanzt mit Japanischem Federborstengras (*Pennisetum alopecuroides* 'Hameln') und Katzenminze 'Six Hills Giant' (*Nepeta*).

Gleichgewicht der Farben 3

Lage sonnig
Boden lehmig

Ein Pflanzengemisch mit einer Farbpalette abgestufter Nuancen von Rosa, Rot und Purpur mit Kontrasten in grellem Grün und Gelb sind das Hauptelement dieses kleinen Stadtgartens von Matt Evans. Durch zwei parallel verlaufende Wege, die einen Pflanzenblock flankieren, ist die schöne luftige Kombination zweigeteilt. Dunklere Töne von Rosa, Lila und Braun in den Blüten von *Salvia* 'Nachtvlinder' (Salbei), *Digitalis parviflora* (Kleinblütiger Fingerhut) und *Fuchsia magellanica* (Scharlach-Fuchsie) sorgen für Tiefe und geben helleren Farben eine Bühne. Die silbernen Nuancen der Blätter und Stängel von *Verbascum bombyciferum* 'Polarsommer' (Seidenhaar-Königskerze) und die kupfer-bronzefarbenen Blüten des Fingerhuts verleihen der Gestaltung eine metallische Note und damit eine weitere Dimension. Ein Wellblechzaun, den man senkrecht montiert und blassgrün gestrichen hat, begrenzt eine Fläche mit einer wilden Mischung von Töpfen und Kübeln. Sie sind als ein besonderes Extra separiert und dennoch geschickt in den Plan eingebunden.

Verwendete Pflanzen

Astrantia major subsp. *involucrata* 'Shaggy ★ **Große Sterndolde**
Digitalis parviflora ★ **Kleinblütiger Fingerhut**
Euphorbia seguieriana subsp. *niciciana* ★ **Steppen-Wolfsmilch**
Fuchsia magellanica ★ **Scharlach-Fuchsie**
Hakonechloa macra ★ **Japangras**
Salvia 'Nachtvlinder' ★ **Salbei**
Thalictrum 'Anne' ★ **Wiesenraute**
Verbascum bombyciferum 'Polarsommer' ★ **Seidenhaar-Königskerze**

Die dunklen, bläulichen Stängel der Wiesenraute 'Anne' nehmen die dunkleren Töne des Salbei 'Nachtvlinder' auf.

Mit der Scharlach-Fuchsie und dem Kleinblütigen Fingerhuts entstehen größere Flecken von dunklerer Farbe.

Blüten der Scharlach-Fuchsie und Samenstände des Kleinblütigen Fingerhuts.

- Pflanzen unterschiedlicher Wuchshöhe stehen dicht beieinander und füllen die gesamte verfügbare Fläche, ohne blanken Boden dazwischen zu lassen. Ist man im Garten, so taucht man darin ein. Egal wo man sich befindet, wird man von Pflanzen umhüllt.

- Gartengestalter neigen dazu, weniger Pflanzenarten in großer Menge zu verwenden und auf Wiederholung von Pflanzen zu setzen, damit das Auge zwischen ihnen hin und her springt.

- Die dunklen Farben des Pflanzschemas sind von den Farbnuancen der *Fuchsia magellanica* inspiriert und wiederholen sich in unterschiedlicher Intensität. Die sattpurpurnen Blüten von *Salvia* 'Nachtvlinder' greifen die purpurnen Krone der Fuchsie auf, während die rosa Blüten von *Linaria purpurea* 'Canon Went' (Purpur-Leinkraut) und die braunrosa Blüten von *Digitalis parviflora* ein Farbecho ihrer Rosatöne sind. Die metallisch grünen *Euphorbia seguieriana* subsp. *niciciana* (Steppen-Wolfsmilch) und das leuchtende Grün von *Hakonechloa macra* (Japangras) liefern den Kontrast und beleben das Schema.

- Die Materialien wurden ebenso überlegt und geschickt ausgewählt wie die Pflanzen. Beton, Metall und ziegelrote Tontöpfe nehmen Bezug auf das städtische Umfeld des Gartens.

- Klapptisch und -stühle, die aus praktischen Gründen gewählt wurden, sind hellgrau und spiegeln die Farbe des gealterten Holzzauns und der Holzterrasse. Zudem betonen sie die Farben der Pflanzen.

Gegenüber: Die kaltweiß-grüne Große Sterndolde 'Shaggy' (*Astrantia major* subsp. *involucrata*) ist eine extrem ausdauernd blühende Staude, die eine weitere metallische Note in das Schema bringt.

Purpur-Leinkraut 'Canon Went' (*Linaria purpurea*)

Scharlach-Fuchsie (*Fuchsia magellanica*)

Wie ein Leuchtturm ragt die Seidenhaar-Königskerze ‘Polarsommer’ (*Verbascum bombyciferum*) über den Unterbewuchs aus Stauden und Gräsern, und durch ihre Höhe und den leeren Raum kann sie alle Richtungen und Ebenen des natürlich einfallenden Lichts für sich nutzen.

Steppen-Wolfsmilch (*Euphorbia seguieriana* subsp. *niciciana*)

Japangras (*Hakonechloa macra*)

Übergangsfarben 4

Lage sonnig
Boden gut durchlässig

Bei diesem Meisterstück unkonventioneller Farben verwendet Sarah Price Pflanzen unterschiedlicher Fülle, Höhe und Bedeutung, um Farbschichtungen zu erzielen. Vor einer Kulisse von Hellgrün, Blaugrün und Graugrün – Farben die zu fast jeder anderen Farbe gut passen – kreist die Palette um die cremegelb, vanille- und pflaumenfarbenen Blüten von *Iris* 'Benton Olive', die in den intensiv violetten Blüten von *Linaria maroccana* 'Licilia Violet' (Marokko-Leinkraut), den violettpurpurnen Stängeln von *Angelica archangelica* und dem rubinroten Laub von *Atriplex hortensis* var. *rubra* (Garten-Melde) sowie den cremegelben Blüten von *Iris* 'Benton Sudan' ein Echo finden.

Töpfe und Kübel unterschiedlicher Größen und Formen passen sich farblich an die Farben und Texturen im Garten an, einschließlich des Bodenbelags, der Wände und der Pflanzenfarben.

Zerstampfte Backsteine, ein Abfallmaterial aus dem Bau vor Ort, werden als Mulchschicht auf dem Boden neben dem Weg und zwischen den Pflanzen verwendet. Das passt perfekt zur Farbe des Wegepflasters und wirkt gewollt modern.

Mit einem Anstrich in zartem Rosa und Ocker, führen die Wandfarben das Schema in die Höhe und bis an die Grenze des Gartens weiter, was ein Gegengewicht zu den komplexeren Farben der Pflanzen bildet. Als Gestaltung in der Mitte des Gartens werden die Pflanzen betont und sie profitieren vom Licht.

Verwendete Pflanzen

Angelica archangelica ★ **Echte Engelwurz**

Atriplex hortensis var. *rubra* ★ **Garten-Melde**

Briza media ★ **Mittleres Zittergas**

Cenolophium denudatum ★ **Baltische Petersilie**

Crassothonna capensis ★ **Gurkenpflanze**

Elaeagnus 'Qicksilver' ★ **Ölweide**

Eschscholzia californica 'Ivory Castle' ★ **Kalifornischer Kappenmohn**

Iris 'Benton Olive' ★ **Schwertlilie**

Iris 'Benton Susan' ★ **Schwertlilie**

Lathyrus odoratus 'Matucana' ★ **Duft-Wicke**

Linaria maroccana 'Licilia Violet' ★ **Marokko-Leinkraut**

Tulbaghia violacea ★ **Knoblauchs-Kaplilie**

- Die Verwendung einer reduzierten Palette von Gelb und Violett in dunkleren und helleren Nuancen verleiht diesem Ort Atmosphäre.

- Große Pflanzkübel bieten Raum zur Gestaltung fesselnder Pflanzenkombinationen. Die Wiederholung von Farben, die an anderen Stellen im Garten stehen, bei den Kübelpflanzen fühlt sich frisch und entschlossen an.

- Ein grob gesägter, rechteckiger Holztisch passt organisch dazu. Der dunkelbraune Anstrich der Beine und der Bank wirken zusammen mit dem Dunkelbraun der Baumrinde und sorgen für eine farbliche Nuance.

- Ein Turm übrig gebliebener Ziegelsteine setzt eine große grobe Pflanzschale mit dem Fettblatt *Sedum pulchellum* (Seestern-Fettblatt) und *Tulbaghia* 'Purple Eye' (Kaplilie) in Szene, indem diese auf Augenhöhe gehoben wird und man die Pflanzen besser sieht. *Tulbaghia*-Pflanzen stehen auch an anderen Stellen: *T. violacea* wächst z. B. in der Erde neben dem Turm. Die grob gegossene Oberfläche der Schale bietet Kleinlebewesen Schutz.

Die Duft-Wicke *Lathyrus odoratus* 'Matucana' (unten) blüht in Amethyst und Violett, was schön zur gesamten Palette passt. Die Blüten lassen den Turm mit dem grob gehauenen Pflanzkübel sanfter wirken.
Links: Die braun glasierten Töpfe mit rosafarbenen und grünen Sukkulenten lenken die Aufmerksamkeit auf das dunkle Gestell des Tischs.

Auf den dünnen Stängeln scheinen die hellrosa Blütendolden der Knoblauchs-Kaplilie (*Tulbaghia violacea*) über dem Lila der Löwenmäulchen-ähnlichen Blüten des Marokko-Leinkraut (*Linaria maroccana* 'Licilia Violet') zu schweben.

Bäume eignen sich gut, um besonders bei kleinen Anlagen Höhe und Volumen zu schaffen. Mit ihrer durchlässigen Krone filtert die vielstämmige Ölweide (*Elaeagnus* 'Quicksilver') das Licht und ihr silbriges Laub wirft es zurück in den Garten.

Mittleres Zittergas (*Briza media*) ist ein niedriges Gras mit glänzenden Ähren, die das Licht einfangen. Die sich rasch nach der Blüte entwickelnden Samen, halten sich den gesamten Herbst und manchmal bis in den Winter auf den Halmen.

Pflastersteine aus Ton im Fischgratmuster scheinen aufzubrechen, wo der Weg und die Pflanzen zusammentreffen.

Cremegelb, Vanille und Rosa wiederholen sich im gesamten Garten.

Die vanillegelben Blüten des Kalifornischen Kappenmohns strahlen wie Lampen als Ausgleich zu den dunkleren Farben der Gestaltung. Die ungefüllten, weit geöffneten Blüten bieten über lange Zeit gut zugänglichen Pollen und Nektar an.

Verwendete Pflanzen

Foeniculum vulgare 'Purpureum' ★ **Bronze-Fenchel**

Papaver somniferum ★ **Schlaf-Mohn**

Papaver somniferum 'Lauren's Grape' ★ **Schlaf-Mohn**

Rosa 'Cardinal de Richelieu' ★ **Rose**

Thalictrum 'Elin' ★ **Wiesenraute**

Thymus 'Fragantissimus' ★ **Orangen-Thymian**

Eine Prise Rot, die der Schlaf-Mohn (*Papaver somniferum* 'Lauren's Grape') als Farbe und Aufhellung in den überwiegend grünen Fond zaubert.

Farbbrüche 5

Lage sonnig
Boden lehmig

Kräftige Farbtupfer und sich wiederholende Muster sind die Schlüsselelemente dieses kleinen, zum Eintauchen geplanten Raums von Conrad Batten. Hier werden helle und dunkle Töne einer reduzierten Farbpalette genutzt. Der dunkle Flaum, der durch das Blatt des Bronze-Fenchels *Foeniculum vulgare* 'Purpureum' entsteht, findet ein Echo in den dunklen Herzen der Schlaf-Mohn-Blüten (*Papaver somniferum*) und den schlanken, tintenfarbenen Stängeln von *Thalictrum* 'Elin' (Wiesenraute). Niedrig wachsende, kompakte Pflanzen wie *Thymus* (Thymian) sind trotz der Fläche, die sie einnehmen, sehr nützlich wegen des Freiraums über ihren Köpfen, da sie viel Sonnenlicht hereinlassen. Hoch über den anderen Blüten sonnen sich die kleinen weißen Blüten von *Thalictrum* 'Elin' und fangen das Licht ein.

In diesem Garten wurden die Farben der Blütenblätter, Laubblätter, Stängel und Knospen sorgfältig durchdacht, ebenso wie die Farbtupfer zwischen den texturgebenden Blättern. Man beachte den doppelten Effekt des Mohns – erst die farbenfrohe Blüte und später der Fruchtstand.

- Die Stimmung entsteht durch die Farbe der Pflanzen und die Art ihrer Verwendung. Eine sich wiederholende Farbpalette hält den Garten zusammen, wenn das Auge zwischen Pflanzen in ähnlichem Farbton hin und her wandert.

- Bei kleinen Flächen ist die Auswahl des Materials sehr wichtig. Ein Kiesweg vermittelt den Eindruck eines Teichs voller Sonne und passt zum Stil des Gartens.

- Pflanzen füllen die gesamte nutzbare Fläche und sprengen die Grenzen, insbesondere an den Übergängen, wo Pflanzen und Wege aufeinandertreffen.

- Eine Mischung aus lange blühenden Arten und schnell vergänglichen Blumen wie Mohn betonen den saisonalen Wandel und es gibt ständig etwas Neues zu sehen. Nach dem Verblühen präsentieren Mohn und Wiesenraute dekorative Samenstände, die sich den Winter hindurch halten.

- Es mag widersinnig klingen, große Pflanzen auf kleiner Fläche zu planen. Aber hohe Pflanzen lenken den Blick in die Höhe und schaffen zudem Raum für niedrigere Etagen von Bewuchs.

Rose 'Cardinal de Richelieu' (*Rosa*) wiederholt das Rosa der Schlaf-Mohn-Blüten in einer dunkleren Nuance.

Gegenüber: Orangen-Thymian 'Fragrantissimus' (*Thymus*)

Die kleinen, weißen Blüten der Wiesenraute 'Elin' (*Thalictrum*) fangen das Licht ein.

Schlaf-Mohn (*Papaver somniferum*) mit seiner zarten rosafarbenen Blüte.

Die dunklen Stängel der Wiesenraute 'Elin' (*Thalictrum*) und des Bronze-Fenchel (*Foeniculum vulgare* 'Purpureum') zitieren den dunklen Punkt an der Basis der Mohnblütenblätter von *Papaver somniferum*.

Rote Farbtupfer 6

Lage sonnig
Boden lehmig

Dieser kleine Garten von Tony Woods vom Garden Club London für eine Erdgeschosswohnung in der Stadt verfügt über separate Bereiche zum Essen und Erholen. Sie werden von Pflanzen zusammengehalten, die eigens ausgewählt wurden, um Tiere anzulocken.

Rot ist eine Farbe, die man am besten in geringer Menge einsetzt, weil sie eine starke Eigenwirkung hat. Hier verbindet sie die beiden Teile des Gartens. *Salvia* 'Royal Bumble' (Salbei) und *Callistemon citrinus* 'Splendens' (Karminroter Zylinderputzer) stechen durch ihre strahlend roten Blüten hervor, die sich dicht drängen und durch das silbrige Grün der Blätter von *Echinops bannaticus* 'Taplow Blue' (Banater Kugeldistel) und *Stipa tenuissima* (Esparto-Gras) gedämpft werden. Im marmorierten Licht unter zwei *Betula nigra* (Schwarz-Birken) fühlt sich der Garten wie eine Einsiedelei an.

Kleinblütige Sorten, die sich nicht zu stark von den natürlichen Blütenformen unterscheiden, bieten Bienen, Schmetterlingen und Schwebfliegen leichten Zugang zu Pollen und Nektar.

Bei einer kleinen Außenanlage ist Einfachheit der Erfolgsgarant. Blasser Kies und Pflaster markieren die Stelle für einen Tisch mit Stühlen und betonen die Farben der Pflanzen.
Der Ausblick aus dem Fenster der Wohnung wurde so offen wie möglich gehalten, erweitert nahtlos den Wohnraum und lädt die Natur nach drinnen ein.

Verwendete Pflanzen

Betula nigra ★ **Schwarz-Birke**

Callistemon citrinus 'Splendens' ★ **Karminroter Zylinderputzer**

Crocosmia 'Orange Pekoe' ('Pek Or') ★ **Montbretie**

Echinops bannaticus 'Taplow Blue' ★ **Banater Kugeldistel**

Salvia 'Royal Bumble' ★ **Salbei**

Stipa tenuissima ★ **Esparto-Gras**

- Bei begrenztem Raum ist die Wahl des Mobiliars besonders wichtig. Klare Linien und gedeckte Farben dieser zeitgenössisch-modernen Gartenmöbel stehen im Einklang mit der modernen Architektur des Hauses und seines urbanen Umfelds, und zudem bilden sie eine Kulisse für die Pflanzen.

- Eine eingeschränkte Farbpalette schafft eine einheitliche und harmonische Stimmung. Die Farben sind nicht unbedingt Standard („Null acht fünfzehn“) und das in diesem Garten in geringem Maß eingesetzte Rot sorgt für Energie, ohne sich in den Vordergrund zu drängen.

- Pflanzen mit einfachen offenen Blüten wie Salbei und Montbretien sind am besten für Bestäuber wie Bienen, Schwebfliegen und Schmetterlinge. Durch die extrem lange Blühperiode bieten sie ihnen ab Sommeranfang einen ständigen Vorrat an Pollen und Nektar.

- In urbanem Umfeld bedeutet die Konzentrierung von Pflanzen in der Mitte des Raumes eine Veränderung der Sichtachsen, was das Gefühl des Eintauchens in die Natur verstärkt.

Eine Feuerschale, die sich als Tisch nutzen lässt, wird von niedrigen Lounge-Sesseln flankiert. Im Garten ist eine Vielzahl von Texturen enthalten, wobei unterschiedlich hohe Pflanzen verwendet werden. Die klaren Linien und die dunkle Farbe der Sessel und der Feuerstelle verstärken die Farben der Pflanzen und lenken nicht von ihnen ab.

Die leuchtenden Blüten des Salbei 'Royal Bumble' (*Salvia*) steuern rote Tupfer bei, was von dem so bildhaft benannten Zylinderputzer (*Callistemon citrinus* 'Splendens') ebenfalls aufgenommen wird.

Rasenkanten aus Corten-Stahl markieren die Begrenzung des Weges und halten die Pflanzung in Schach. Hohe Pflanzen holen das Beste aus schmalen Flächen.

Pflanzen sind der Schlüssel zur Gestaltung der Fläche und bestimmen das Layout in gleichem Maß wie das Pflaster und die Wege.

Karminroter Zylinderputzer 'Splendens' (*Callistemon citrinus*).

Schwarz-Birke (*Betula nigra*).

Banater Kugeldistel 'Taplow Blue' (*Echinops bannaticus*).

Ein Blumenhof 7

Lage sonnig
Boden Allzweck-Kübelpflanzenerde

Als Spezialist für kleinflächige Gärten ist Arthur Parkinson für sein wunderbares Farbgefühl bekannt. In Höfen ohne Gartenboden arrangiert er Kübel zu Gruppen und bepflanzt sie so, dass ein Garten entsteht. Das Pflanzschema ist gezielt auf eine enge Bandbreite an satten Farben reduziert und die Pflanzen wiederholen sich in vielen Kübeln. Schwerpunkt bilden ungefüllte offene Blüten, die Bestäuber anlocken. Pflanzen mit Blüten in den Farben Purpur oder Feuerwehrrot wie *Dahlia* 'Roxy', *Cosmos bipinnatus* 'Rubenza' und *Gladiolus* 'Magma' wachsen gemischt Stängel an Stängel und schaffen so einen Garten, der mehr ist als die Summe seiner Teile.

Farbenenfrohe Kübelarrangements stützen sich nicht nur auf die Blütenfarbe sondern auch auf das Laub. Die grünen Blätter von *Salvia* 'Amistad' (Salbei) und das dunkel rotgrüne Laub von *Dahlia* 'Waltzing Mathilda' machen sich gut in der dunklen, üppigen Palette.

Als Grundregel gilt, dass mit zunehmender Kübelgröße auch die Pflanze größer sein soll. Ein großer Pflanztopf mit zwei oder mehr Pflanzen wirkt besser als mehrere kleine Töpfe. Und er ist auch pflegeleichter in Hinblick auf die Häufigkeit des Gießens. Dolly- oder Zinkwannen sehen bei jeglicher Außenanlage großartig aus. Der graublaue Anstrich der Kulisse ergänzt farblich passend die Kübel.

Verwendete Pflanzen

Cosmos bipinnatus 'Rubenza' ★ **Fiederblättriges Schmuckkörbchen**

Dahlia 'Bishop of Llandaff' ★ **Dahlie**

Dahlia 'Roxy' ★ **Dahlie**

Dahlia 'Waltzing Mathilda' ★ **Dahlie**

Gladiolus 'Magma' ★ **Gladiole**

Salvia 'Amistad' ★ **Salbei**

- Zur maximalen Wirkung werden große Kübel zusammen aufgestellt, sodass ihre Bepflanzungen sich mischen und ineinander übergehen können.

- Das Farbschema für einen oder mehrere Kübel kann ebenso konzipiert werden wie das in kleinen Gärten: indem man mit der Lieblingspflanze beginnt und ausgehend davon mit den Farben ihrer Blütenblätter, Stängel, Blätter und Blütengründe arbeitet, um einen Plan zu entwickeln.

- Die rote *Cosmos bipinnatus* 'Rubenza' passt zum Lila der Blütenblätter von *Salvia* 'Amistad', und dieselbe Farbe wiederholt sich in den Blüten der *Dahlia* 'Waltzing Mathilda'. Schmuckkörbchen und Dahlien teilen sich in unterschiedlicher Gewichtung einen roten Grundton.

- Die indigofarbenen Kelche von *Salvia* 'Amistad' sind ebenso wirksam wie ihre lila Blütentrompeten – sie tragen noch zur Farbe des Gartens bei, wenn die Blüten schon verwelkt sind.

- Kübel aus gleichartigem Material sorgen für ein Gefühl von Zusammenhang. Galvanisiertes Metall (Zinkbehälter) altert schön, ist einfach zu finden und relativ leicht, auch mit Bepflanzung.

- Wenn man einen farbintensiven Kübel gestalten will, muss man nicht nur die Pflanzenwahl beachten, sondern auch die Pflanzdichte. Für den Kübel verdoppelt man die Anzahl der Pflanzen pro Quadratmeter im Vergleich zur Menge für ein Beet oder eine Rabatte.

Die schwingenden Blüten von Salbei 'Amistad' (*Salvia*) quellen aus einem galvanisierten Metallkübel.

Gegenüber: Dahlie 'Bishop of Llandaff' (*Dahlia*).

Von links nach rechts: Salbei 'Amistad' (*Salvia*), Dahlie 'Waltzing Mathilda' (*Dahlia*) und Fiederblättriges Schmuckkörbchen 'Rubenza' (*Cosmos bipinnatus*).

Wohlüberlegtes Design und sorgfältig ausgewählte farbenfrohe Pflanzen verwandeln den Platz vor Ihrem Haus.

Farbenfrohe Vorgärten

Die Bedeutung von Vorgärten

In der Stadt, in der ich lebe, erhält jeder eine Auszeichnung für den „Guten Garten“, wenn der Vorgarten die Nachbarschaft bereichert. Eine schöne Fläche vor dem Haus wird oft als ein „Geschenk an die Straße“ bezeichnet, als Anerkennung dafür, dass mehr als nur der Gartenbesitzer davon profitiert. Dennoch sind laut Angaben der Royal Horticultural Society während der vergangenen zwei Jahrzehnte mehr als 39 000 km^2 an Vorgärten in Großbritannien zugepflastert worden und für Parkflächen und Mülltonnenstellplätze verloren gegangen.

Wo räumliche Enge herrscht, übersieht man leicht das Potenzial eines geschickt entworfenen Vorgartens, um den Alltag zu verschönern, indem man für gute Laune sorgt und den Stolz der Nachbarschaft fördert. Schon wenige Pflanzen sind in der Lage, die örtliche Luftqualität zu verbessern, indem sie den Kohlendioxid-Ausstoß des Verkehr verringern, oder sie senken das Risiko von Überflutungen, wenn das Regenwasser leicht in den Boden versickern kann. Pflanzen helfen auch gegen ein Phänomen, das als „städtische Hitzenester“ beschrieben wird. Es macht Klein- und Großstädte in der Nacht heißer als sie sein sollten.

Hier finden Sie fünf inspirierende Ideen für die Fläche vor der Haustür, vom schattigen Vorgarten mit Farnen, Gräsern und Zwiebelpflanzen über einen sonnigen Flecken, der in Bauschutt gepflanzt wurde, bis hin zu einem verträumten städtischen Design.

In dieser Gestaltung wächst orangefarbenes *Geum* 'Alabama Slammer' (Nelkenwurz) in schöner Kombination mit den cremefarbenen *Verbascum* 'Cotswold Cream' (links), die die Farbe im Zentrum der *Geum*-Blüten aufnehmen. *Deschampsia cespitosa* (Rasen-Schmiele) hat einen ätherischen Charakter, was der Gestaltung in Gesellschaft mit *Digitalis parviflora* (Kleinblütiger Fingerhut, rechts) Tiefe verleiht. Die dunkle Farbe des Wellblechzauns dient dazu, die Blütenfarben hervorzuheben.

Garten auf der Fensterbank

Lage	schattig
Boden	lehmig

Die gartenähnliche Atmosphäre entsteht durch die Verwendung der außen liegenden Fenstersimse dieser Etagenwohnung und zeigt, dass keine Fläche zu klein ist für Farbe.

Zwei Fenster sind durch spiegelbildlich aufgestellte Pflanzgefäße gleichen Typs mit gleichem Inhalt passend gestaltet. Durch dichte Bepflanzung quellen Blätter und Blüten nur so über und sehen vom ersten Moment an aus, als wären sie schon lange hier, um ihre Wirkung zu entfalten. Die Farne *Asplenium scolopendrium* (Hirschzungenfarn), *Dryopteris filix-mas* 'Crispa Cristata' (Gewöhnlicher Wurmfarn) und *Cyrtomium falcatum* (Mondsichelfarn) sowie die immergrüne Staude *Farfugium japonicum* 'Wavy Grant' (Leopardenpflanze) liefern das Blattwerk.

Wohlüberlegte Kombinationen von frühlingsblühenden Zwiebelpflanzen, vor allem Tulpen und Osterglocken, in gezielt sparsamer Farbpalette wiederholen sich in allen vier Pflanztöpfen. Sie halten das Schema wie einen Miniaturgarten zusammen. Die Farbgestaltung von Colin Stewart nimmt die gestreiften Tulpen *Tulipa* 'Marilyn' und T. 'Estrella Rijnveld' als Ausgangspunkt, und das leuchtende Grün von *Euphorbia amygdaloides* 'Purpurea' (Mandelblättrige Wolfsmilch) hebt sie noch hervor. Die roten Streifen wiederholen sich im dunkleren Ton von *T.* 'Slawa', während die blassen, mehrblütigen Narzissen *Narcissus* 'Thalia' und *N.* 'Sailboat' auf das Weiß Bezug nehmen.

Material und dekorative Außengestaltung der Pflanztöpfe passen zur Farbe des Mauerwerks und zur Architektur des Gebäudes.

Colin Stewart ging sogar so weit, dass er die Farben in den Kübeln auf die Farben in der Wohnung abgestimmt hat, einschließlich der Sonnenrollos, Tischdecke und einer roten Pelargonie. Zusätzlich nehmen die Rollos und Kissen das Streifenmotiv der Pflanzen auf.

- Üppig bestückte Pflanztöpfe auf dem Fenstersims verhindern, das man von draußen hineinsehen kann und zugleich genießt man von drinnen den Blick aus dem Fenster.

- Bei kleinster Außenfläche sind blühende Zwiebelpflanzen eine einfache Methode, um den Wechsel der Jahreszeiten zu betonen.

- Die Kübel sind dicht bepflanzt, wodurch ihr Laub und die Blüten den gesamten Boden bedecken. Es bleibt aber immer noch so viel Platz dazwischen, dass sie ihre natürliche Form zeigen.

- Farbe und Muster auf dem Fenstersims werden durch Elemente im Inneren betont, einschließlich des Le-Grand-Étourdi-Mobiles vor dem Fenster, des leuchtenden Grüns der Tischlampe, der gestreiften Kissen und der leuchtend roten Pelargonie.

Tulpe 'Rococo' (*Tulipa*)

Mandelblättrige Wolfsmilch 'Purpurea' (*Euphorbia amygdaloides*)

Narzisse 'Thalia' (*Narcissus*)

Tulpe 'Estella Rijnveld' (*Tulipa*)

Kupfer-Felsenbirne
(*Amelanchier lamarckii*)

Gebirgs-Wurmfarn
(*Dryopteris wallichiana*)

Schattenraum

Lage	schattig
Boden	lehmig

Vorgärten haben oft den Vorteil, dass sie bei Design und Pflege leichter wirken. Dieser Garten auf der Nordseite nutzt bunt blühende Zwiebelpflanzen zwischen immergrünen Farnen und Gräsern in unterschiedlichen Grüntönen. Das Gras *Luzula nivea* (Schneeweiße Hainsimse) wirkt so zurückgenommen, dass man es mit einer Vielzahl von Zwiebelpflanzen kombinieren kann, deren wilde Schönheit damit zur Geltung kommt.

Unter der Kupfer-Felsenbirne (*Amelanchier lamarckii*) gepflanzt fällt die Blüte der Tulpen mit der Blütenexplosion der Felsenbirne zusammen. Ein kleiner Baum wie die Felsenbirne kann einem Vorgarten eine private Atmosphäre geben, weil er die Sicht von der Straße versperrt.

Ein Tulpentrio – in diesem Fall *Tulipa* 'Spring Green', *T.* 'Ballerina' und *T.* 'Brown Sugar' – ist eine gute Möglichkeit, um mit Farben zu spielen. Einmal in der Erde, blühen sie jedes Jahr im Frühling erneut. Später im Sommer folgen ihnen die hoch aufragenden *Fritillaria* (Kaiserkronen) und *Lilium martagon* (Türkenbund-Lilien).

- Pflanzen Sie frühlingsblühende Zwiebeln im Herbst und sommerblühende im Spätwinter. Anstatt die Zwiebeln in starren Mustern auszulegen, gestalten Sie lieber größere Farbfelder, ähnlich wie Pflanzen sich in der Natur von selbst verteilen.

- Die Blätter der Zwiebelpflanzen müssen nach der Blüte stehen bleiben, um die Nährstoffreserven der Zwiebel für die nächste Blüte wieder zu füllen. Kombiniert man Tulpen mit immergrünen Farnen und Gräsern, so verlieren sich die Blätter optisch in deren Laub.

Japangras (*Hakonechloa macra*)

Tulpe 'Spring Green' (*Tulipa*)

Tulpe 'Ballerina' (*Tulipa*)

Holländischer Lauch 'Purple Sensation' (*Allium hollandicum*)

Steppen-Salbei 'Caradonna' (*Salvia nemorosa*)

Karthäuser-Nelke (*Dianthus carthusianorum*)

Farbe im Schutt

Lage	sonnig
Boden	Bauschutt

Bei diesem Vorgarten des Gartendesigners Ed O'Brien werden durch die Kombination von informellem Stil und kräftigen Farben die Eigenschaften von Pflanzen vorteilhaft genutzt. Das aufragende Laub von *Stipa gigantea* (Riesen-Federgras) und *Sesleria autumnalis* (Herbst-Blaugras) liefern einen grünen Teppich für kleinblütige, sommerblühende Stauden. Auf einer Reihe hoher, dünner Stängel schweben die kleinen, rosafarbenen Blüten von *Verbena bonariensis* über den vergangenen *Allium*-Blüten, die jetzt nur noch rosa schimmernde Samenstände sind. Was auf den ersten Blick wie eine sehr bunte Farbpalette wirken mag, ist in Wirklichkeit eine Reihe abgestufter Farbtöne.

Einfache Blütenformen sorgen für einen gewisse Transparenz, so dass das Sonnenlicht gemildert wird und das Schema zart beleuchtet. Der Garten ist direkt in Bauschutt gepflanzt, der nach den Bauarbeiten recycelt wurde. Trotzdem zeigt die 3 × 3 m große Fläche einen Reichtum an Details und Farben, die sich das ganze Jahr hindurch wandeln.

- Überlegen Sie, welche Pflanzen noch einen Beitrag leisten, wenn sie ihre Hauptblüte überschritten haben. *Allium* besitzt beispielsweise architektonisch wirkende Samenstände, die robust bis in den Herbst oder Winter halten.

- Die Verwendung von mehrjährigen Stauden wie Salbei oder Karthäuser-Nelken in Kombination mit zuverlässigen, mehrjährigen Zwiebelpflanzen, die wie Zierlauch alljährlich wieder blühen, reduzieren die Gartenpflege dieses Vorgartens auf ein Minimum.

Herbst-Blaugras
(*Sesleria autumnalis*)

Riesen-Federgras
(*Stipa gigantea*)

Patagonisches Eisenkraut
(*Verbena bonariensis*)

Kugelmalve ‘Newleaze Coral’
(*Sphaeralcea*)

Kugelmalve
(*Sphaeralcea*)

Blaue Rasselblume
(*Catananche caerulea*)

Ätherische Farben

Lage sonnig
Boden Schotter

Die Farben in diesem Vorgarten besitzen einen verträumten Charakter, sodass es wirkt, als seien die Pflanzen hier von selbst aufgegangen. Ihr Auf und Ab ist rhythmisch und die Farben fangen das Licht ein. Die gelben Dolden von *Achillea* 'Moonshine' (Schafgarbe) sind der Ankerpunkt der Farbpalette und sie wiederholen sich im leuchtenden Gelb von *Coreopsis verticillata* 'Moonbeam' (Quirlblättriges Mädchenauge) und den beißend gelben Blüten von *Foeniculum vulgare* (Gewöhnlicher Fenchel). Die sternförmigen Blüten von *Catananche caerulea* (Blaue Rasselblume) scheinen über den drahtartigen Stängeln zu schweben und tragen das Blau bei, das dann an das Blassviolett der zwei *Allium* anknüpft: *Allium* 'Millennium' (Zierlauch) und das dunklere *A. sphaerocephalon* (Kugel-Lauch). Der Abstand zwischen den Pflanzen scheint gewollt und ermöglicht einen Blick auf das, was dahinter liegt.

Die Planungsaufgabe für diesen Garten hieß möglichst Farben einzubeziehen, die einen wilden informellen Raum schaffen, und der Gestalter Marc O'Neill wählte Pflanzen mit kleinen Blüten aus, die eine Vielzahl von Bestäubern anlocken. Mit der Lage vor dem Haus haben sowohl die Nachbarschaft als auch der darin lebende Künstler etwas von diesem Garten.

Ein geflochtener Haselzaun erweitert eher die Farbpalette der Pflanzen als dass er davon ablenken würde.

- Verwenden Sie eine beschränkte Farbpalette, um ein zusammenhängendes Schema zu schaffen und wiederholen Sie dieselbe Pflanzenart auf der ganzen Fläche.

- Gelbe *Achillea* 'Moonshine' und orangefarbene *A.* 'Terracotta' verankern die Pflanzung farblich, was auch Tupfer strahlender Farben wie die rote *Sphaeralcea* 'Newleaze Coral' (Kugelmalve) oder das matte Violett von *Allium sphaerocephalon* (Kugel-Lauch) einschließt. Die dunklen rundlichen Samenstände von *Echinacea purpurea* (Roter Scheinsonnenhut) wiederholen die Form der *Allium*-Blüten und das dunkle Auge der gelben Margeriten-ähnlichen Blütenköpfe von *Rudbeckia triloba* (Sonnenhut).

- Binden Sie hohe Pflanzen neben niedrigen ein, um einen dynamischen, stufigen Look zu schaffen. Dann kann Licht zwischen den Pflanzen hindurchfallen und mit den Farben spielen.

- Pflanzen mit unzähligen winzigen Radialblüten sind am besten für die Bestäuber. Die Verwendung solcher Pflanzen steigert die Artenvielfalt und sorgt für andauernde Farbe.

- In der Natur treffen selten schreiende Farben aufeinander. Verwendet man Pflanzen in einem verlaufenden Farbschema, so entsteht eine Harmonie im Garten, die sich frei und ungestört anfühlt.

Kräftige Farbtupfer der gelben Schafgarbe 'Moonshine' und der orangefarbenen 'Terracotta' (*Achillea*) dominieren den Pflanzplan, werden aber stellenweise durch leuchtende Farben und kontrastierende Formen des blassvioletten Kugel-Lauchs (*Allium sphaerocephalon*) und des Echten Lavendels 'Blue Spear' (*Lavandula angustifolia*) ('Pas 1213794') akzentuiert.

Das Quirlblättrige Mädchenauge 'Moonbeam' (*Coreopsis verticillata*) und Schafgarbe 'Terracotta' (*Achillea*) werden durch die rosafarbenen Kugelmalven (*Sphaeralcea*) sowie die blauen Rasselblume (*Catananche caerulea*) belebt.

Die Farben des Patagonischen Eisenkrauts (*Verbena bonariensis*) und des Gewöhnlichen Fenchels (*Foeniculum vulgare*), oben, sind jeweils ein farbliches Echo zu *Allium* 'Millennium' und *Achillea* 'Moonshine' (links).

Platz für's Auto

Lage sonnig
Boden Bauschutt

Funktionalität ist bei diesem kompakten Vorgartendesign des Büros Artisan Landscapes genauso wichtig wie die Form. Ein Parkplatz für das Auto und Raum für Pflanzen sind ausgewogen angelegt. Zwei kaum sichtbare Spuren direkt unter den Reifen des Autos sind ein einfacher Weg, um ein Auto unterzubringen.

Graue, rechteckige Platten, die in geometrischem Muster verlegt sind, und heller Kies sind die Bühne für Pflanzen, die unempfindlich genug sind, wenn sie gelegentlich überfahren werden.

Pflanzen mit kleinen Blüten wie *Lavandula angustifolia* (Echter Lavendel), *Thymus vulgaris* (Echter Thymian) und *Erigeron karvinskianus* (Karwinskis Berufkraut) lassen die Übergänge zwischen Pflaster und Pflanzen verschwimmen und versorgen dazu noch eine Vielzahl an Bestäubern. Durch die Blüte im Frühling und die lichte Krone im Sommer verbirgt die Felsenbirne *Amelanchier lamarckii* das Auto vor dem Blick aus dem Fenster, während sie dennoch ausreichend Licht durch ihre Äste lässt.

An der Stelle direkt neben der Autostellfläche nimmt der Garten Fahrt auf und wirkt wilder. Zur Haustüre führt ein im Bogen angelegter Weg, flankiert von blauvioletten *Salvia nemorosa* 'Caradonna' (Steppen-Salbei) und Storchschnabel *Geranium* 'Rozanne' ('Gerwat'), weißen Ehrenpreis und grünen Gräsern.

- Beachtet werden muss das Straßen- und Wegerecht der Bundesländer wenn man eine Zufahrt errichtet und nutzt. Zudem sollte man sich in der Stellplatzverordnung des jeweiligen Bundeslands informieren.

- Die Parkstreifen für die Autoreifen sollten 30 bis 60 cm breit sein, breitere Streifen erleichtern das Parken.

- Lavendel ist eine wunderbare Pflanze für schmale Stellen. Er verträgt es, wenn man dagegen fährt, verströmt beim Entlangstreifen einen feinen Duft und kann leicht zurückgeschnitten werden.

- Pflanzen wie Lavendel und *Geranium* 'Rozanne' ('Gerwat') haben einen besonders großen Nutzen für Bestäuber. Die Farbe ihrer Blüten wird oft als „Bienen-Blau" bezeichnet, weil sie Insekten wie Bienen anlockt, die das ultraviolette Licht sehen können.

Gegenüber: Lavendel 'Hidcote', Lavendel 'Loddon Park' (*Lavandula angustifolia*) und Karwinskis Berufkraut (*Erigeron karvinskianus*) machen diesen Garten zum Anziehungspunkt für Bestäuber.

Thymian (*Thymus vulgaris*), Sand-Thymian (*T. serpyllum*) und Karwinskis Berufkraut (*Erigeron karvinskianus*) lassen den Übergang zwischen verfestigten Flächen und Wegen sanfter erscheinen. Zudem sind sie verlockend für Bestäuber.

Arznei-Ehrenpreis 'Album'
(*Veronicastrum virginicum*)

Storchschnabel 'Rozanne' ('Gerwat')
(*Geranium*)

Karwinskis Berufkraut
(*Erigeron karvinskianus*)

Wenn offener Boden und Platz begrenzt sind, kann ein durchdacht bepflanzter Kübel sogar den kleinsten Raum verwandeln, indem er für Textur und leuchtende Farben sorgt.

Farbe in den Pflanztöpfen

Die ersten Schritte

Ein hübsch bepflanzter Kübel ist in der Lage, selbst das kleinste Fleckchen draußen zu verschönern, indem er eine schattige Abseite, die Stelle neben der Tür oder den Beginn eines Weges in natürliche Haltepunkte verwandelt. Bei einer sehr kleinen Fläche kann man einen Pflanztopf für den Tisch sowohl von drinnen als auch draußen genießen und auf Haus und Garten abstimmen.

Eine gut platzierte kleine Pflanze in einem kleinen Topf lässt sich durch einen prominenten Platz hervorheben. Stellen Sie sie daher ins Rampenlicht. Und wo das Freiland nicht ausreicht, genügt eine sorgfältig zusammengestellte Gruppe von wohldimensionierten Kübeln mit farbiger Pflanzgestaltung, um einen Garten entstehen zu lassen.

- Betrachten Sie den Kübel als Miniaturgarten und wählen Sie die Pflanzen wie gewohnt aus. Suchen Sie sich eine Pflanze als Ausgangspunkt und verwenden Sie die Farben ihrer Blüte (Blütenblätter, Auge), des Laubs, der Stängel als Bausteine für das Farbschema.

- Wenn Sie mehr als einen Kübel verwenden möchten, überlegen Sie, wie Sie die Kübel platzieren. Eine Mischung unterschiedlicher Formen und Größen aus einem Grundmaterial funktioniert gut, ebenso wie eine Gruppe identischer Kübel.

- Der Kübel und die Pflanzen müssen von der Größe her zusammenpassen. Nehmen Sie also einen, der groß genug ist, um die Pflanze aufzunehmen, und worin die Wurzeln wachsen können. Stellen Sie Pflanzen zusammen, die sich vertragen, also gleiche Bedürfnisse bezüglich Erde und Wasser haben, damit sie gut gedeihen.

- Achten Sie auf die Farbe des Hintergrundes der Kübel, einschließlich des Spiels von Licht und Schatten. Die Kulisse des Kübels sollte ihn ergänzen und die Pflanzen darin hervorheben.

- Die Kombination von Kübeln aus Baustoffen oder industriellen Materialen mit einer fließenden Bepflanzung unterschiedlicher Wuchshöhe wirkt in städtischem Umfeld topmodern.

Platzieren Sie Kübel an einem prominenten Standort, damit sie ihre Wirkung entfalten, oder zur einfacheren Pflege direkt in die Nähe des Hauses.

Tipps zum Bepflanzen von Kübeln

Fast jedes Gefäß lässt sich als Pflanzkübel verwenden, aber möglicherweise müssen Sie Löcher zum Wasserablauf in den Boden bohren und/oder einige Zentimeter Gartenbausplitt unter der Erde einfüllen, damit keine Staunässe entsteht. Pflanzen sitzen nicht gerne in nasser Erde. Auch wird ein großer Kübel nach dem Bepflanzen ziemlich schwer und lässt sich schlecht umplatzieren. Daher sollte man ihn leer am endgültigen Standort aufstellen, dann erst mit Substrat füllen und bepflanzen.

Ob ein Kübel gut gelingt, hängt von zwei Faktoren ab: Pflanzenauswahl und Pflanzdichte. Mischen Sie höher und niedriger wachsende Pflanzen, um verschiedene Etagen zu gestalten und setzen Sie die Pflanzen nur halb so weit auseinander wie im Beet. Beim Pflanzen von Zwiebelpflanzen gilt die Faustregel, so viele Zwiebeln zu stecken wie der Durchmesser des Topfs in Zentimetern misst. Also 20 Tulpenzwiebeln für einen Topf mit 20 cm Durchmesser.

Pflanzen, die man im Kübel kultiviert, sind bei Wasser und Nährstoffen völlig von Ihnen abhängig. Versorgen Sie die Pflanzen im Sommer wöchentlich mit Nährstoffen in Form von Bio-Dünger für Tomatenpflanzen. Bereiten Sie sich darauf vor, bei Sonne oder Wind täglich zu gießen. Beim Gießen richten Sie den Strahl auf das Substrat. Ideal wäre das Gießen am Morgen oder Abend.

Töpfe mit einer Schicht Kies als Bodenbedeckung halten die Feuchtigkeit und verhindern, dass kleinere Pflanzen bei Regen mit Erde vollgespritzt werden.

Kübelpflanzenerde

Betrachten Sie den Inhalt eines Sacks Blumenerde als nur eine Zutat für das Rezept von Kübelpflanzenerde.

Aufgrund unseres besseren Verständnisses für die Notwendigkeit, Moore als Kohlenstoffspeicher und als lebendige Habitate von Wildtieren zu erhalten, sollte Torf nicht mehr unter die abgepackte Erde gemischt werden. Stattdessen kann sie Holzfasern, Rinde, kompostierten Grünabfall oder Kokosfasern enthalten, wobei unterschiedliche Hersteller mit unterschiedlichen Mischungsverhältnissen arbeiten.

Man sollte sich einen Sack Erde als Grundsuzbstanz im Kübelpflanzenerde-Rezept vorstellen, dem man weitere Stoffe beigeben kann. Fügen Sie einige Schaufeln Gartensand für Pflanzen hinzu, die eine gute Dränage benötigen, oder eine Schaufel lehmige Gartenerde für Nährstoffe und bessere Wasserhaltefähigkeit. Man kann auch gebrauchtes Substrat aus einem vormals bepflanzten Kübel verwenden.

Bedenken Sie, dass reine Gartenerde ohne die Arbeit von Würmern und Mikrofauna vermieden werden sollte, weil das organische Leben darin rasch endet.

Damit es den Pflanzen gutgeht, muss die Erde im Kübel Feuchtigkeit und Luft enthalten, einen Faseranteil haben und voller Leben sein.

Denken Sie immer daran, dass abgepackte Blumenerde ein Haltbarkeitsdatum trägt, kaufen Sie daher nur die benötigte Menge und verwenden Sie sie immer frisch. Prüfen Sie das aufgedruckte Herstellungsdatum auf dem Sack: Wenn mehr als 6 Monate vergangen sind, haben sich die biologischen Eigenschaften schon nachteilig verändert.

Metallische Töne

Die hohe, eigenwillige Linie eines gelben *Verbascum bombyciferum* (Seidenhaar-Königskerze) bestimmt den Farbton in diesem asymmetrisch bepflanzten Kübel aus galvanisiertem Metall (Durchmesser 36 cm). Eine gestaffelte Mischung von Knospen und Blüten, die sich den Weg zur Spitze der Kerze bahnen und die übertriebene Größe der Blätter, die über den Rand des Kübels ausgreifen, wirken wie eine spontane Kombination hier von selbst aufgegangener Pflanzen.

Königskerze, *Mathiasella*, Mohn und *Coleus* haben Laub oder Blüten mit einem Blauschimmer, die miteinander und mit dem metallischen Silberblau des Kübels spielen. *Papaver rupifragum* (Spanischer Mohn) ist ein außergewöhnlich lange blühender Mohn mit leuchtend orangefarbenen Blüten.

Große Blechwannen lassen sich leicht im Internet oder in Wertstoffhöfen finden. Knausern Sie nicht mit der Größe des Kübels, denn größere Behältnisse müssen nicht so oft gegossen werden.

Seidenhaar-Königskerze
(*Verbascum bombyciferum*)
Hohe Stängel mit großen gelben Blüten und samtig behaartes, graugrünes Laub.

Mathiasella 'Green Dream'
(ein Doldenblütler, *Mathiasella bupleuroides*) Extrem lange blühende, grüne Dolden mit rosafarbenem Schimmer an den Spitzen.

Spanischer Mohn
(*Papaver rupifragum*)
Mehrjährige Staude mit bläulich grünem Laub und zarten, leuchtend mandarinenfarbenen Blüten.

Silber-Buntnessel 'Silver Shield'
(*Coleus (Plectranthus) argentatus*)
Silberblaue Blätter mit violetter Unterseite an lilafarbenen Trieben. Im Spätsommer kleine weiße Blüten.

1 Wässern Sie die Pflanzen in ihren ursprünglichen Anzuchttöpfen ausgiebig – das Wasser sollte aus den Löchern im Boden herausrinnen. Bohren Sie einige Löcher in den Boden des Kübels, wenn noch keine vorhanden sind.

2 Stellen Sie den Kübel an eine warme, sonnige Stelle, weil er mit Befüllung schwer umzuplatzieren sein wird.

3 Füllen Sie den Kübel fast bis zum Rand mit Allzweck-Kübelpflanzenerde, lassen Sie aber einige Zentimeter zwischen dem Rand und der Erdoberfläche zum Gießen frei.

4 Beginnen Sie mit *Verbascum bombyciferum*, das ein wenig von der Mitte versetzt platziert wird. Dann stellen Sie *Mathiasella bupleuroides* 'Green Dream' und *Coleus argentatus* 'Silver Shield', gefolgt von zwei *Papaver rupifragum* hin. Lassen Sie etwas Abstand dazwischen, damit die Pflanzen wachsen können.

5 Wenn Sie mit der Komposition zufrieden sind, nehmen Sie jede Pflanze aus dem Topf, lockern die Wurzeln mit den Fingerspitzen und pflanzen sie in den Kübel ein. Achten Sie darauf, dass alle ebenso tief in der Erde stehen wie vorher in den Anzuchttöpfen.

6 Füllen Sie den Raum zwischen den Pflanzen mit weiterer Erde und drücken Sie die Erde mit der Hand sanft an und so dass die Pflanzen fest sitzen.

7 Wässern Sie die Erde reichlich, damit sie sich um die Pflanzenwurzeln setzt.

Farbduett in der Tonne

Zweifarbige Blüten wirken manchmal ein wenig kitschig und hier steht die zweifarbige *Salvia* 'Amethyst Lips' ('Dyspurp') im Mittelpunkt einer schweren Eisentonne (30 cm Durchmesser). Die Blüten aller vier Pflanzenarten in dieser Gestaltung sind Variationen von Lila, wobei die Löwenmäulchen-ähnlichen Blüten von *Linaria maroccana* 'Licilia Violet' (Marokko-Leinkraut) am dunkleren Ende des Farbspektrums stehen und *Penstemon heterophyllus* 'Electric Blue' (Verschiedenblättriger Bartfaden) am hellsten. Die weißen Sprenkel an der Spitze der Salbeiblüten sorgen für Lebendigkeit und dafür, dass das Schema nicht platt wirkt. *Baptisia* 'Dutch Chocolate (Färberhülse), die ebenfalls zweifarbig ist, nimmt dem Rostton der Tonne auf.

Die blockhafte Form der Tonne und ihre braune Patina bilden einen schönen Kontrast zu den luftigen Formen der Pflanzen, erden sie und lassen sie aussehen, als ob sie direkt in der Erde aufgegangen wären.

Färberhülse 'Dutch Chocolate' (*Baptisia*)
Dunkle Blüten mit Schokoladenton.

Verschiedenblättriger Bartfaden 'Electric Blue' (*Penstemon heterphyllus*)
Leuchtend blaue Blüten mit einem elektrisierenden Schimmer.

Marokko-Leinkraut 'Licilia Violet' (*Linaria maroccana*)
Kleine, Löwenmäulchen-ähnliche, violette Blüten.

Salbei 'Amethyst Lips' (*Salvia*) ('Dyspurp')
Leuchtend amethystfarbene Blüten mit weißem Abzeichen.

1 Fangen wir damit an, dass Sie die Pflanzen in den mitgelieferten Töpfen lassen und jeden Topf ins Wasser tauchen, bis das Wasser aus den Löchern im Boden herausläuft.

2 Bereiten Sie die Tonne vor, indem Sie einige Löcher in den Boden bohren und sie an einen warmen, sonnigen Platz stellen, der idealerweise auch einige Stunden im Schatten liegt. Das verhindert zu schnelles Austrocknen.

3 Befüllen Sie den Boden der Tonne einige Zentimeter hoch mit Pflanzgranulat und darauf füllen Sie eine Mischung aus Allzweck-Kübelpflanzenerde und Sand. Lassen Sie oben Platz zum Gießen.

4 Arrangieren Sie die Pflanzen in der Tonne, lassen Sie sie dazu noch in den Töpfen, um die Komposition anzulegen. Beginnen Sie mit *Baptisia* 'Dutch Chocolate' in der Mitte und dann verteilen Sie *Salvia* 'Amethyst Lips' ('Dyspurp') und *Penstemon heterophyllus* 'Electric Blue' darum herum. Platzieren Sie *Linaria maroccana* 'Licilia Violet' etwas seitlich versetzt und achten Sie auf das Gleichgewicht des Arrangements. Lassen Sie etwas Abstand zwischen den Pflanzen, denn ihre Formen sollen noch gut sichtbar bleiben.

5 Drücken Sie jede Pflanze aus ihrem Topf, lockern Sie die Wurzeln mit den Fingerspitzen und setzen Sie die Pflanzen ebenso tief in die Tonne wie sie vorher in den Anzuchttöpfen standen. Füllen Sie den Raum zwischen den Pflanzen mit weiterer Erde, bevor Sie sie vorsichtig andrücken.

6 Wässern Sie die Erde reichlich, damit sie sich um die Pflanzenwurzeln setzt. Sie können auch eine dünne Schicht Kies auf die Fläche verteilen.

Farben der Natur

In einem kleinen Garten kann eine einfache Gestaltung mit lediglich zwei Pflanzengattungen wirkungsvoller sein als eine üppige Anlage. Dieses farbige Keramikgefäß (34 cm Durchmesser) zur Tischdekoration orientiert sich an der Natur. Es werden Pflanzen mit kleinen Blüten verwendet, die ohne großen Aufwand wochen- oder sogar monatelang gut aussehen.

Die Gänseblümchen-ähnlichen, manchmal auch rosafarbenen Blütenköpfe von *Erigeron karvinskianus* (Karwinskis Berufkraut) dienen als dezente Unterpflanzung für die zarten, rosafarbenen Blüten von *Tulbaghia violacea* (Knoblauchs-Kaplilie) und die weißen *T.* 'Hoyland Chameleon'. Das stellenweise hingesprenkelte Rosa der *Erigeron*-Blüten und die rosafarbene Zeichnung der Kaplilien verbinden die beiden Gattungen zu einer harmonischen Kombination.

Das blasse Graugrün des Gefäßes wird durch die Farbe des Tischs abgerundet. Die niedrige, flache Gefäßform gleicht die Höhen und Formen der Pflanzen aus und lässt die Pflanzen im Mittelpunkt stehen.

Karwinskis Berufkraut
(*Erigeron karvinskianus*)
Eine Masse weißer, wie Gänseblümchen aussehender Blütenköpfe mit gelber, knopfförmiger Mitte und gelegentlich einem rosafarbenen Blütenkörbchen.

Knoblauchs-Kaplilie
(*Tulbaghia violacea*)
Rosafarbene Blütendolden auf dünnen grünen Stängeln mit schmalen Blättern.

1 Lassen Sie die Pflanzen anfangs in ihren Gefäßen und wässern Sie jeden Topf reichlich, bis das Wasser aus den Löchern im Boden herausläuft.

2 Verteilen Sie eine Schaufel Pflanzgranulat am Boden des Gefäßes und füllen Sie dann Allzweck-Kübelpflanzenerde ein. Lassen Sie zwischen Oberkante Erde und Gefäßrand etwas Platz zum Gießen.

3 Drücken Sie die Pflanzen aus den Töpfen. Am wichtigsten ist das Gesamtarrangement, bei dem die schmalen, aufrechten Pflanzen aus den niedrigeren Füllpflanzen herausragen. Platzieren Sie zwei rosafarbene *Tulbaghia violacea* nebeneinander in der Mitte des Gefäßes. Dahinter pflanzen Sie eine weiße *Tulbaghia* 'Hoyland Chameleon'. Setzen Sie zwei *Erigeron karvinskianus* um die anderen Pflanzen herum. Sie werden hineingezwängt, so dass ihre Blüten und Blätter die Oberfläche der Erde verdecken.

4 Wenn Sie mit dem Anblick zufrieden sind, lockern Sie die Wurzelballen mit den Fingern, graben Löcher in die Erde und setzen jede Pflanze ein. Pflanzen Sie sie ebenso tief in die Erde ein wie sie vorher in den Anzuchttöpfen standen.

5 Drücken Sie die Erde sorgfältig um die Pflanzen fest, damit die Wurzeln eingeschlossen sind. Verdichten Sie die Erde nicht zu stark.

6 Gießen Sie das Pflanzgefäß reichlich und stellen es auf den Tisch, idealerweise an einer fast den ganzen Tag hindurch sonnigen Stelle.

Die Schönheit des Einfachen

Dieses Tongefäß mit 33 cm Durchmesser beherbergt Pflanzen, die ähnlich wachsen. Sie teilen den gleichen luftigen Anblick, haben aber unterschiedliche Blütenformen. Weiß ist das wiederkehrende Thema: in Form der kleinen Blüten von *Salvia* 'Phyllis Fancy' (Salbei), der Zeichnung an den Blüten von *S. patens* 'Dot's Delight' (Mexikanischer Salbei) und als Grundton in den rosafarbenen Zungenblüten der *Dahlia merckii* (Merck-Dahlie).

Die dunkle Farbe der Dahlienstängel findet ein Echo in jenen von *Salvia* 'Phyllis Fancy' und dann im Graubraun des Topfes. Die aufrechte Form des Topfs spiegelt die Gestaltung des Arrangements und er ist groß genug, um die Pflanzen zu stützen und ihren Wurzeln Platz zu geben. Der gedeckte Farbton lenkt nicht von den lebendigen Blütenfarben ab. Das hübsche Laub von *Dahlia merckii* trägt zur stufigen Wirkung bei und lässt den Übergang zwischen Topf und Pflanzen sanfter wirken. Die Blüten der Pflanzen sind ideal für Bestäuber.

Mexikanischer Salbei 'Dot's Delight' (*Salvia patens*)
Ein kompakter blauer Salbei mit röhrenförmigen Blüten, die weiß gezeichnet sind.

Salbei 'Phyllis Fancy' (*Salvia*)
Hohe lichte Pflanze mit purpurnen röhrenförmigen Blüten mit weißen Spitzen und lila Kelchen.

Merck-Dahlie (*Dahlia merckii*)
Blütenkörbchen in frischem Rosa, teilweise mit kontrastierendem gelbem Herz.

1 Bei Aussaat im Frühling blühen einige Stauden schon – wie *Dahlia merckii* – im ersten Jahr. Es ist günstiger, sie aus Samen zu ziehen und nicht als Pflanze zu kaufen.

2 Damit die Blüte so früh wie möglich erfolgt, säen Sie im zeitigen Frühling, dann pikieren Sie die Sämlinge in einen kleinen Topf und stellen ihn auf die sonnige Fensterbank. Das schützt die jungen Pflanzen vor Frost und stellt sicher, dass sie im Spätfrühling groß genug zum Auspflanzen sind.

3 Wählen Sie einen ausreichend tiefen Topf aus. Achten Sie auf gute Dränage. Fehlen die Löcher im Boden, so müssen Sie selbst welche bohren.

4 Stellen Sie den Topf an einer Stelle auf, die bei Tag überwiegend warm und sonnig ist. Füllen Sie den Topf mit etwas Gartengranulat und dann fast bis zum Rand mit Universalerde. Wässern Sie die Pflanzen in ihren Töpfchen ordentlich.

5 Platzieren Sie die Pflanzen – eine *Salvia patens* 'Dot's Delight', zwei *Salvia* 'Phyllis Fancy' und drei *Dahlia merckii* – in einem Dreieck im Topf. Versuchen Sie ein eher informelles denn strukturiertes Design zu erreichen.

6 Nehmen Sie die Pflanzen aus ihren Töpfchen und bepflanzen Sie den Topf. Dabei setzen Sie die Pflanzen ebenso tief wie sie vorher in den Anzuchttöpfen standen. Verwenden Sie weitere Erde, um Lücken zu füllen und drücken Sie sie vorsichtig fest. Reichlich gießen, dabei die Blatter aber nicht nass machen. Die Erde sollte gleichmäßig feucht sein, aber nicht staunass.

Jede Pflanze kann die Inspirationsquelle für ein Gartendesign werden, solange sie für den Boden und die Lichtverhältnisse Ihres Gartens geeignet ist. Lernen Sie meine Pflanzenhitliste der Top 40 in Sachen Farbe kennen.

Top 40 farbige Pflanzen

Ein- und Zweijährige

Einjährige sind Pflanzen, die ihren kompletten Lebenszyklus innerhalb eines Jahres durchlaufen und im Folgejahr nicht wiederkommen. Aus Samen gesät, keimen sie und produzieren Triebe und Blüten, alles innerhalb von 12 Monaten.

Einjährige werden als winterhart oder halbwinterhart beschrieben. Eine winterharte Einjährige verträgt kältere Temperaturen und überlebt Frost. Eine halbwinterharte Einjährige verträgt keinen Frost und leidet unter kalten Temperaturen und Nässe. Ob eine Pflanze winterhart ist, hat Auswirkungen auf den Zeitpunkt der Aussaat und das folgende Auspflanzen.

Zweijährige Pflanzen durchlaufen ihren kompletten Lebenszyklus innerhalb von zwei Jahren. Aus einem Samen gesät, keimen sie im ersten Jahr und bilden Wurzeln und Blätter, erst im zweiten Jahr blühen sie.

- Ein- und Zweijährige lassen sich leicht aus Samen ziehen, was in Kombination mit ihrem schnellen Wachstum bedeutet, dass man sie am besten aus Saatgut kultiviert. Im Frühling gesät blühen die Einjährigen ab Mittsommer.

- Pflanzpläne verwenden zusehends weniger Pflanzenarten, diese dafür in größerer Menge. Die geringen Kosten für Samenpäckchen, aus denen sich massenhaft Pflanzen ziehen lassen, sind eine gute Lösung. Der günstige Preis von Ein- und Zweijährigen bedeutet, dass man sich Experimente mit der Farbenauswahl erlauben kann.

- Die meisten Ein- und Zweijährigen produzieren selbst viele Samen und bei *Verbena bonariensis* (Patagonisches Eisenkraut) und *Cerinthe major* 'Purpurascens' (Große Wachsblume) wachsen die Sämlinge mit identischen Eigenschaften wie die Mutterpflanze heran, wodurch sie permanent im Garten präsent sind.

- Zweijährige sind besonders wertvoll, weil sie bereits im späten Frühling nach den Zwiebelpflanzen wie den Tulpen und vor den meisten Einjährigen und Stauden blühen. Sie füllen eine Lücke zwischen Spätfrühling und Frühsommer, die von Gärtnern als „hungrige Lücke" bezeichnet wird.

Einjährige wie der Marienkäfer-Mohn 'Ladybird' (*Papaver commutatum*) lassen sich schnell und einfach aus Samen ziehen.

Wissenschaftlicher Name	*Cerinthe major* 'Purpurascens'
Volkstümlicher Name	**Große Wachsblume**
★	einjährig, winterhart
Aussaat	zeitiges bis spätes Frühjahr, Anfang bis Mitte Herbst
Pflanzung	zeitiges bis spätes Frühjahr
Blüte	Spätfrühling bis Frühherbst

Höhe - 30 cm
Abstand - 3 Stück/m²
Boden - gut durchlässig
Lage - sonnig

Diese betörende Einjährige hat kleine dunkelviolette Blüten mit weißen Rändern, die in grünen bis bläulichen Brakteen eingeschlossen sind. Die Farben der Brakteen werden mit zunehmender Wärme dunkler lila bis purpurn. Die bläulich-grünen Blätter zeigen weißliche Flecken. Der aus dem Lateinischen stammende Sortenname 'Purpurascens' lässt sich mit „sich purpurn färbend" übersetzen, was eine passende Beschreibung darstellt. Blüten und Blätter sind eine absolute Attraktion für Bestäuber, im Sommer vor allem für Bienen. Sind sie erst einmal bestäubt, verwandeln sich die Blüten in dicke rabenschwarze Samen.

Diese Einjährige genießt sonnige Plätze und passt gut zu Thymian. Die Blautöne der Wachsblume passen auch gut zu *Pulsatilla vulgaris* (Gewöhnliche Küchenschelle), eine Pflanze mit violetten Blüten und danach flaumigen Samenständen.

Säen Sie die Samen im Frühling oder Herbst in Töpfe mit Anzuchterde aus, dünn bedecken und dann draußen kultivieren.

Passt gut zu

Marokko-Leinkraut 'Licilia Violet' (*Linaria maroccana*)
Gewöhnliche Küchenschelle (*Pulsatilla vulgaris*)
Salbei 'Nachtvlinder' (*Salvia*)
Orangen-Thymian 'Fragrantissimus' (*Thymus*)

Wissenschaftlicher Name	*Eschscholzia californica* 'Ivory Castle'
Volkstümlicher Name	**Kalifornischer Kappenmohn, Schlafmützchen, Goldmohn**
★	einjährig, winterhart
Aussaat	zeitiges bis spätes Frühjahr, Anfang bis Mitte Herbst
Pflanzung	spätes Frühjahr bis Frühsommer
Blüte	Früh- bis Spätsommer

Höhe - 30 cm
Abstand - 3 Stück/m²
Boden - jeder
Lage - sonnig

Obwohl es sich um eine Einjährige handelt, siedelt sich *Eschscholzia californica* 'Ivory Castle' rasch als ständiger Gast im Garten an, weil sich dieser Kappenmohn fleißig von selbst aussät. Mit ihrer zarten Erscheinung erinnern die perlmuttfarbenen Blüten mit buttergelbem Herz an Mohnblüten. Sie sitzen oberhalb von schlankem blaugrünem Blattwerk, das einen sanften niedrigen Hügel bildet. Die Blüten öffnen sich aus festen Knospen, und wenn sie völlig aufgeblüht sind, schließen sie sich in der Abenddämmerung, um sich am nächsten Tag bei Sonne wieder zu öffnen. Nach der Blüte produziert dieser Kappenmohn lange grüne Schoten, die bei Reife aufplatzen und ihre Samen verschleudern. Er keimt leicht, um im nächsten Jahr erneut zu blühen. Säen Sie die Samen im Frühling oder Herbst in Töpfe mit Anzuchterde aus, dünn bedecken und dann draußen kultivieren.

Passt gut zu

Schafgarbe 'Terracotta' (*Achillea*)
Große Wachsblume 'Purpurascens' (*Cerinthe major*)
Orangen-Thymian 'Fragrantissimus' (*Thymus*)

Wissenschaftlicher Name	*Linaria maroccana* 'Licilia Violet'
Volkstümlicher Name	**Marokko-Leinkraut**
★	einjährig, winterhart
Aussaat	zeitiges bis spätes Frühjahr, Anfang bis Mitte Herbst
Pflanzung	zeitiges bis spätes Frühjahr
Blüte	Frühsommer bis Mittherbst

Höhe - 50 cm

Abstand - 1 Stück/m²

Boden - jeder

Lage - sonnig

Diese winterharte Einjährige trägt unzählige winzige, Löwenmäulchen-ähnliche Blüten über dichtem, grünem Laub. Es ist eine wundervolle Füllpflanze, die für zarte Farbkleckse sorgt. Dieses Leinkraut passt durch seine lichten Blüten als Kontrast wunderbar zu Salvia *rosmarinus* (Rosmarin) mit dem dunklen nadelähnlichen Blatt. Die blauviolette Farbe dieses Leinkrauts ähnelt der Tiefe und Intensität des Rosmarin-Grüns. Zudem ergänzt *Orlaya grandiflora* (Strahlen-Breitsame) seinen ätherischen Charakter.

Früh blühend, eignet sich diese winterharte Einjährige, um die Lücke zwischen zeitigen Frühlingsblühern und Sommerblumen zu schließen.

Säen Sie die Samen im Frühling oder Herbst in Töpfe mit Anzucht-erde aus, dünn bedecken und dann draußen kultivieren. Aus Samen gezogen blüht *Linaria maroccana* 'Licilia Violet' in Rekordzeit – nur 6 Wochen nach der Aussaat.

Passt gut zu

Strahlen-Breitsame (*Orlaya grandiflora*)

Lecoques Mohn 'Albiflorum' (*Papaver dubium* subsp. *lecoqii*)

Rosmarin (*Salvia rosmarinus*)

Knoblauchs-Kaplilie (*Tulbaghia violacea*)

Wissenschaftlicher Name	*Orlaya grandiflora*
Volkstümlicher Name	**Strahlen-Breitsame**
★	einjährig, winterhart
Aussaat	zeitiges bis spätes Frühjahr, Anfang bis Mitte Herbst
Pflanzung	zeitiges bis spätes Frühjahr
Blüte	Spätfrühling bis Spätsommer

Höhe	60 cm
Abstand	4 Stück/m²
Boden	gut durchlässig, sandig
Lage	sonnig, halbschattig

Mit zarter Erscheinung, geteilten grünen Blättern und großen, fein strukturierten, weißen Blüten gehört diese Einjährige zu den schönsten Arten. Durch die Hinwendung zu einem natürlicheren Gartenstil ist sie vor kurzem sehr in Mode gekommen. Ihr luftiger Wuchs macht sie zu einer exzellenten Begleiterin für andere Pflanzen, und am besten verwendet man sie hier und da verteilt, so dass sie sich durch die Pflanzung fädeln kann. Man muss sich überlegen, wo man sie platziert, weil der freie Raum zwischen Basis und Blüten, wo das Licht hinfällt, bei zu dichter Pflanzung verloren ist. Verwenden Sie diese Art als Gegengewicht zu schweren, massiv aussehenden Pflanzen, denn der damit entstehende visuelle Kontrast betont beide. Am wohlsten fühlt sich die Pflanze in der Sonne, sie verträgt aber auch ein wenig Schatten, weshalb man sie zum Aufhellen dunklerer Stellen verwenden kann.

Säen Sie die Samen im Frühling oder Herbst in Töpfe mit Anzuchterde aus, dünn bedecken und dann draußen kultivieren.

Passt gut zu

Marokko-Leinkraut 'Licilia Violet' (*Linaria maroccana*)

Lecoques Mohn 'Albiflorum' (*Papaver dubium* subsp. *lecoqii*)

Wissenschaftlicher Name	*Papaver (einjährige Mohn-Arten)*
Volkstümlicher Name	**Mohn**
★	einjährig, winterhart
Aussaat	zeitiges bis spätes Frühjahr, Anfang bis Mitte Herbst
Pflanzung	zeitiges bis spätes Frühjahr
Blüte	Spätfrühling bis Spätsommer, die Samenkapseln bleiben bis in den Winter stehen

Höhe - 50 bis 100 cm	
Abstand - 3 Stück/m²	
Boden - gut durchlässig, sandig	
Lage - sonnig	

Einjähriger Mohn eignet sich wegen der kräftigen und leuchtenden Farbtupfer seiner bunten Knospen, Blüten und Samenstände. Zuerst öffnen sich die bläulichen Knospen zu bunt pigmentierten Blüten. Die Kronblätter sind hauchdünn und die Blüten daher schon fast vergangen, kaum dass sie sich geöffnet haben, aber sie erblühen in rascher Folge. Sobald die Kronblätter abgeworfen sind, kommen als Ersatz die bläulichen Samenkapseln, die sehr robust sind und bis in den Winter stehen bleiben. Bei Kälte verfärben sie sich grau und vanillefarben.

Mohn wirkt am besten in unregelmäßigen Mustern, so dass das Auge von einer zur anderen Blüte springt, und er sorgt bei kleiner Fläche für Höhe und Charakter. Platzieren Sie ihn so, dass die Blüten sich von benachbarten Pflanzen abheben, so dass die Blütenblätter das Licht einfangen.

Der rosafarbene *Papaver somniferum* (Schlaf-Mohn) und der cassisfarbene *P. s.* 'Lauren's Grape' sind beide hoch und besitzen eingeschnittenes Blattwerk, was in einem kleinen Garten ziemlich deutliche Präsenz entfaltet. Der rote *P. commutatum* 'Ladybird' (Marienkäfer-Mohn) zeigt eine starke Farbe, wobei jedes Blütenblatt einen schwarzen Punkt zeigt. *P. dubium* subsp. *lecoqii* 'Albiflorum' (Lecoques Mohn) besitzt zarte rosa Blüten mit gelber Mitte, dunkelgrauen Staubblättern und ein Laub, das fast ebenso schön ist wie die Blüten.

Einjährige Mohn-Arten lassen sich rasch und einfach aus Samen ziehen. In der gängigen Praxis wird der Mohn direkt in den Boden gesät, aber die Keimlinge fallen dadurch den Schnecken leicht zum Opfer.

Passt gut zu

Karthäuser-Nelke (*Dianthus carthusianorum*)
Rosmarin (*Salvia rosmarinus*)
Knoblauchs-Kaplilie (*Tulbaghia violacea*)

Ganz links: Grüne Samenkapseln, die sich im Winter milchweiß verfärben, ersetzen die Sommerblüten.

Links: Pflanzen Sie Mohn wie *Papaver somniferum* 'Lauren's Grape' dorthin, wo die Sonne seine Farben zum Leuchten bringt.

Wissenschaftlicher Name	*Verbascum bombyciferum* 'Polarsommer'
Volkstümlicher Name	**Seidenhaar-Königskerze**
★	zweijährig
Aussaat	zeitiges bis spätes Frühjahr, Mitte bis Spätsommer
Pflanzung	spätes Frühjahr bis Frühsommer
Blüte	Spätfrühling bis Frühsommer, die Samenkapseln bleiben bis in den Winter stehen

Höhe - 1,8 m	
Abstand - 1 Stück/m²	
Boden - gut durchlässig	
Lage - sonnig	

Eine gestaffelte Mischung von Knospen und kleinen Blüten an einer langen Ähre macht diese Pflanze zu den nützlichsten, wenn es um die Gestaltung von Höhe und farblichen Etagen bei kleinen Gärten geht. Die Blüten öffnen sich nach und nach. Zwei oder drei unregelmäßig verteilte Pflanzen sind noch besser, weil sie den Blick in den Garten lenken, wenn er von einer zur anderen springt. Pflanzen mit silbernem Blatt schaffen ein Raumgefühl und dienen als erfolgreiche Vermittler zwischen Farben oder Nuancen, die sich zu „beißen" scheinen. Man setzt die Königskerzen am besten dort, wo die Blüten das Licht einfangen, umgeben von kleineren, sie nicht überragenden oder beschattenden Pflanzen.

Als Zweijährige sollten Königskerzen idealerweise aus Samen gezogen werden; im ersten Jahr entwickeln sich Wurzel und Grün, im zweiten Jahr blühen sie. Oder man kauft sie als Jungpflanzen, wenn sie eher blühen sollen.

Passt gut zu

Karthäuser-Nelke (*Dianthus carthusianorum*)
Japangras (*Hakonechloa macra*)
Papaver commutatum 'Ladybird' (Marienkäfer-Mohn)
Papaver somniferum 'Lauren's Grape' (Schlaf-Mohn)

Stauden

Stauden oder Mehrjährige sind Pflanzen, die Jahr für Jahr blühen, aber im Garten unterschiedlich langlebig sein können. Sie sind meist krautig, können aber auch z. T. verholzende Triebe haben, genau genommen sind es dann Halbsträucher. Eine krautige Staude ist eine Pflanze, die jedes Frühjahr neue Sprosse und Laub austreibt, gewöhnlich im Sommer blüht und im Herbst einzieht, d. h. sie zieht sich zur Ruhe den Winter über in die Erde zurück.

- Während manche Stauden schon wenige Monate nach der Aussaat blühen, sind die meisten langsamer und man kauft sie am besten als Jungpflanzen in Töpfchen.

- Im Vergleich zur Aussaat verursacht der Kauf einer getopften Staude einen ziemlich großen CO_2-Fußabdruck, aber man muss sie nur einmal pflanzen und dann wächst sie immer weiter.

- Der Schlüssel zum Erfolg ist der Kauf kleiner Pflanzen in 9-cm-Töpfen, die im Garten schneller anwachsen als eine größere Pflanze.

- Holzige Stauden bzw. Halbsträucher wie z. B. Salvia *rosmarinus* (Rosmarin) zeigen ganzjährig Präsenz im Garten. Viele krautige Stauden wie *Papaver rupifragum* (Spanischer Mohn) stecken viel Energie in die Bildung kräftiger, robuster Samenstände, oft in hübschen architektonischen Formen, die auch nach der Blühperiode noch zur Farbe des Gartens beitragen.

- Stauden kann man das ganze Jahr hindurch setzen, solange der Boden nicht gefroren ist.

Mehrjährige Pflanzen wie *Dianthus carthusianorum* (Karthäuser-Nelke) blühen Jahr für Jahr.

Wissenschaftlicher Name	*Achillea* 'Terracotta'
Volkstümlicher Name	**Schafgarbe**
★	Staude
Pflanzung	Anfang bis Mitte Herbst
Blüte	Früh- bis Spätsommer

Höhe - 1 m

Abstand - 2 Stück/m²

Boden - gut durchlässig

Lage - sonnig

Wie üblich bei allen Schafgarben, wird auch *Achillea* 'Terracotta' im Garten wegen ihrer wechselnden Farbtöne auf ein und derselben Pflanze gepriesen. Die Blüten öffnen sich mit einem dunklen Orangeton, der graduell zu Gelb verblasst, was zu einer hübschen Farbmischung beiträgt.

Achillea 'Terracotta' wird am besten zusammen mit Pflanzen gleicher architektonischer Statur kultiviert und ist eine gute Wahl für Schottergärten oder Gärten auf Bauschutt. Als Faustregel gilt, dass Schafgarben nicht besonders langlebig sind, aber wenn man sie auf kargen, nährstoffarmen Böden setzt, werden sie ausdauernder. Die flache offene Form der Blüten ist besonders günstig für kleine Bestäuber.

Passt gut zu

Allium 'Millennium' (Zierlauch)
Catananche caerulea (Blaue Rasselblume)

Wissenschaftlicher Name	*Anemone* 'Wild Swan' ('Macane001')
Volkstümlicher Name	**Anemone, Herbst-Anemone, Windröschen**
★	Staude
Pflanzung	Anfang bis Mitte Herbst
Blüte	Spätfrühling bis Spätherbst, die baumwollähnlichen Samenstände halten sich bis in den Winter

Höhe - 45 cm

Abstand - 2 Stück/m²

Boden - jeder

Lage - halbschattig

Die liebliche, im Spätsommer blühende *Anemone* 'Wild Swan' ('Macane001'), wird dafür geschätzt, dass sie lang für Farbe im Garten sorgt. Ihre hellen, fast weißen Blüten mit orangefarbener Mitte schimmern blauviolett und sind im Sommer auf der Rückseite etwas dunkler violett. Sie passt gut zu *Dahlia merckii* (Merck-Dahlie) und deren rosafarbenen Blüten, die auch eine weiße Note haben. Deren gelbe Mitte harmoniert gut mit dem Orange der Anemone. *Anemone* 'Wild Swan' passt auch gut zu Violettblau wie bei *Nepeta racemosa* 'Walker's Low' (Traubige Katzenminze).

Wenn der Winter kommt, verwandeln sich die Blüten in baumwollähnliche Samenstände, die sich noch sehr lange nach den Blüten halten. Trotz der zarten Erscheinung handelt es sich um eine robuste und widerstandsfähige Staude, die auch Wind und Regen verträgt und besonders hübsch ist, wenn sie ihre farbigen Blütenunterseiten zeigt.

Passt gut zu

Dahlia merckii (Merck-Dahlie)
Nepeta racemosa 'Walker's Low' (Traubige Katzenminze)
Nepeta 'Six Hills Giant' (Katzenminze)

Wissenschaftlicher Name	*Asplenium scolopendrium*
Volkstümlicher Name	**Hirschzungenfarn**
★	Staude, immergrün
Wissenschaftlicher Name	*Dryopteris wallichiana*
Volkstümlicher Name	**Gebirgs-Wurmfarn**
★	Staude, einziehend oder wintergrün
Pflanzung	zeitiges Frühjahr bis Mittherbst
Blüte	Farne sind Sporenpflanzen und werden gewöhnlich wegen der Wedel gepflanzt

Höhe - 60 cm
Abstand - 3 Stück/m²
Boden - jeder
Lage - schattig oder halbschattig

Als immergrüner Farn mit glänzenden Blättern ist *Asplenium scolopendrium* unter dem Namen Hirschzungenfarn bekannt und wegen seiner Grüntöne beliebt: frisches Hellgrün im Frühling, Mittelgrün im Sommer und dunkelgrün im Winter. Die neuen, zungenähnlichen Wedel entfalten sich sehr früh im Jahr und passen gut zu den Wurmfarnen wie *Dryopteris wallichiana* (Gebirgs-Wurmfarn). Beide Pflanzen schaffen zusammen mosaikartige Muster, wenn ihre Wedel sich überlappen. Die dichten welligen Blätter des Hirschzungenfarns wirken schwer im Gegensatz zu den gefiederten Wedeln des Wurmfarns. Die Kombination macht sich noch besser, wenn man niedrige büschelige Gräser hinzupflanzt, z. B. *Hakonechloa macra* (Japangras) und *Luzula nivea* (Schneeweiße Hainsimse). Letztgenannte bildet dichte Bündel winziger weißer Blüten aus, die das Pflanzenquartett von oben wie feine Lichtblitze erhellen.

Hirschzungenfarn gedeiht sowohl in trockenen als auch nassen Böden und eignet sich für die Stellen im Garten, die als Herausforderung gelten, z. B. unter Bäumen, wo die dunkelbraune Farbe seiner Rippen sich fein mit dem Braun der Rinde austauscht.

Der Gebirgs-Wurmfarn ist ein zuverlässiger und anpassungsfähiger Farn für feuchten wie trockenen Boden im völligen Schatten oder Halbschatten. Die Wedel sind tief eingeschnitten, was ein Licht- und Schattenspiel erzeugt und so dem Garten Tiefe verleiht.

Man kann Farne als Jungpflanzen ganzjährig setzen, sofern der Boden frostfrei ist. Nach dem Pflanzen ausgiebig gießen, ebenso während der ersten Wochen, auch wenn es regnet.

Passt gut zu

Japangras (*Hakonechloa macra*)
Schneeweiße Hainsimse (*Luzula nivea*)

Ganz links: Hirschzungenfarn (*Asplenium scolopendrium*)
Links: Hirschzungenfarn (*Asplenium scolopendrium*) und Gebirgs-Wurmfarn (*Dryopteris wallichiana*)

Wissenschaftlicher Name	*Astrantia major*
Volkstümlicher Name	**Große Sterndolde**
★	Staude
Pflanzung	zeitiges Frühjahr bis Mittherbst
Blüte	Spätfrühling bis Spätsommer

Höhe - 60 cm
Abstand - 2 Stück/m²
Boden - jeder
Lage - sonnig oder halbschattig

Was aussieht, als wären es die Kronblätter einer Blüte mit nadelkissenförmiger Mitte, sind in Wirklichkeit die festen papierähnlichen Hüllblätter, die wunderschön gefärbt sind und Wind und Wetter aushalten. Die Blüten der *Astrantia major* und in etwas geringerem Maße auch ihr Laub schimmern leicht metallisch, wodurch sich diese ausdauernde Staude gut im Schatten macht,
da sie das Licht reflektiert.

Insekten lieben die Sterndolde, deren „echte" Blüten winzig klein und zahlreich sind und als Dolde innerhalb des Hüllblätterkreises stehen. Im Sommer werden sie von Hummeln, Solitärbienen und Schwebfliegen fleißig aufgesucht.

Passt gut zu

Gebirgs-Wurmfarn (*Dryopteris wallichiana*)
Japangras (*Hakonechloa macra*)
Katzenminze 'Six Hills Giant' (*Nepeta*)
Wiesenraute 'Anne' (*Thalictrum*)

Große Sterndolde 'Rubra' (*Astrantia major*) (masterwort)

Große Sterndolde 'Florence' (*Astrantia major*)

Große Sterndolde 'Shaggy' (*Astrantia major* subsp. *involucrata*)

Wissenschaftlicher Name	*Briza media*
Volkstümlicher Name	**Mittleres Zittergras**
★	kurzlebige Staude
Pflanzung	zeitiges Frühjahr bis Mittherbst
Blüte	Spätfrühling bis Spätsommer, im Herbst Samenstände, die ihre Farbe ändern

Höhe - 50 cm
Abstand - 4 Stück/m²
Boden - jeder
Lage - sonnig

Briza media ist ein leuchtend grünes, horstbildendes Gras mit schmalen Blättern und zarten Blüten. Die nickenden Samenstände sind erst grün mit einem leichten Pflaumenton und werden im Lauf des Sommers silberfarben. Das Gras passt gut zu *Tulbaghia violacea* (Knoblauchs-Kaplilie) und *Eschscholzia californica* 'Ivory Castle', da es die dunkleren Muster der rosa Kaplilienblüten aufnimmt und die cremeweißen Blüten des Kappenmohns ergänzt. Der volkstümliche Name Zittergras stammt von der Bewegung der Ährchen im Wind.

Passt gut zu

Kalifornischer Kappenmohn 'Ivory Castle' (*Eschscholzia californica*)
Knoblauchs-Kaplilie (*Tulbaghia violacea*)

Wissenschaftlicher Name	*Catananche caerulea*
Volkstümlicher Name	**Blaue Rasselblume, Amorpfeil**
★	kurzlebige Staude
Aussaat	zeitiges bis spätes Frühjahr
Pflanzung	Frühsommer
Blüte	Frühsommer bis Frühherbst

Höhe - 70 cm
Abstand - 3 Stück/m²
Boden - gut durchlässig
Lage - sonnig

Ursprünglich im Mittelmeerraum beheimatet, kennt man *Catananche caerulea* gewöhnlich unter dem Namen Amorpfeil, was auf die historische Verwendung als Aphrodisiakum zurückgeht. Diese robuste und leicht zu kultivierende, hübsche Pflanze sieht zart aus und hat papierähnliche, fransige, blaue Blütenkörbchen auf drahtdünnen Stängeln. Blätter und Stängel sind graugrün und die Blütenkörbchen haben eine dunkelpurpurne Mitte.

Obwohl *C. caerulea* eine Staude ist, ist sie eher kurzlebig. Man sollte sie daher wie eine Einjährige behandeln und aus Samen ziehen. Die Samen sind groß genug, dass man sie einzeln säen kann, zwei in einem 9-cm-Topf, und sie keimen leicht innerhalb von 1 bis 2 Wochen. Ziehen Sie die Sämlinge drinnen und stellen Sie sie nach draußen, wenn die Frostgefahr im Spätfrühling vorüber ist. Die Pflanze braucht viel Sonne.

Passt gut zu

Schafgarbe 'Terracotta' (*Achillea*)
Karthäuser-Nelke (*Dianthus carthusianorum*)
Kalifornischer Kappenmohn 'Ivory Castle' (*Eschscholzia californica*)
Lecoques Mohn 'Albiflorum' (*Papaver dubium* subsp. *lecoqii*)
Patagonisches Eisenkraut (*Verbena bonariensis*)

Wissenschaftlicher Name	*Cynara cardunculus*
Volkstümlicher Name	**Kardy, Wilde Artischocke**
★	Staude
Aussaat	Spätwinter bis zeitiges Frühjahr
Pflanzung	Mitte Frühling bis Frühsommer
Blüte	Frühsommer bis Frühherbst

Höhe - 2,4 m

Abstand - 1 Stück/m²

Boden - jeder

Lage - sonnig

Ebenso wertvoll wegen des Blattwerks wie der Blüten, treiben die Blätter der Kardy früh im Jahr aus. Durch die graugrüne Farbe unterscheiden sie sich merklich vom typischen hellen Grün des zeitigen Frühjahrs. In einem kleinen Garten reflektieren Pflanzen mit silbernem Laub das Licht und aufgrund ihrer immensen Größe bewahren sich die Kardy diese Eigenschaft auch bei bedecktem Himmel. Im Frühling ist diese Staude ein idealer Partner für Tulpen als Echo auf die überhängende Form der Blätter und weil sie die dunkleren Farben hervorhebt. Pflanzen mit silbernem Laub sorgen auch für Raumwirkung, sie vermitteln zwischen Farben, die scheinbar nicht zusammenpassen.

Säen Sie zwei Samen in einem Topf mit Anzuchterde und gießen Sie sorgfältig. Stellen Sie ihn auf ein warmes Fensterbrett und halten Sie die Erde feucht. Wenn beide Samen keimen, entfernen Sie den schwächeren und lassen den kräftigen Sämling darin stehen, bis die Wurzeln den Topf fast ganz ausfüllen, dann in den Garten auspflanzen.

Passt gut zu

Große Wachsblume 'Purpurascens' (*Cerinthe major*)
Einjähriges Silberblatt 'Corfu Blue' (*Lunaria annua*)
Tulpe 'Gavota' (*Tulipa*)
Tulpe 'Slawa' (*Tulipa*)
Tulpe 'Spring Green' (*Tulipa*)

Wissenschaftlicher Name	*Dianthus carthusianorum*
Volkstümlicher Name	**Karthäuser-Nelke**
★	Staude
Pflanzung	zeitiger Frühling bis Mittherbst
Blüte	Mittsommer bis Frühherbst

Höhe - 40 cm	
Abstand - 2 Stück/m²	
Boden - jeder	
Lage - sonnig	

Dianthus carthusianorum ist eine Staude, die durch ihre intensive Farbe hervorsticht. Die Kronblätter dieser kleinen rosafarbenen Blüten haben ein Muster in dunklerem Pink. Das schmale grüne Blatt ist dezent und tritt hinter der Lebendigkeit der Blüten zurück, was sie noch mehr hervorhebt. Trotz des glänzenden Auftritts hat die gesamte Pflanze einen luftigen ätherischen Charakter, da die Blüten in einer gewissen Höhe über dem Boden schweben, was der Pflanze eine gewisse Leichtigkeit und Bewegung gibt.

Diese Staude ist ein geeigneter Partner für Dahlien mit intensiv gefärbtem Laub oder Blüten, wie z. B. *Dahlia* 'Waltzing Mathilda', oder für die sattpurpurne *Salvia* 'Nachtvlinder' (Salbei). Für einen rosa Klecks in einem Farbschema, das sich andernfalls platt anfühlen würde, ist diese Nelke unerreicht. Die kleinen Blüten sind ein Segen für Bestäuber wie Bienen und Schmetterlinge, die dadurch in den Garten gelockt werden und die Artenvielfalt bereichern.

Passt gut zu

Holländischer Lauch 'Purple Sensation' (*Allium hollandicum*)
Dahlie 'Waltzing Mathilda' (*Dahlia*)
Schlaf-Mohn 'Lauren's Grape' (*Papaver somniferum*)
Salbei 'Nachtvlinder' (*Salvia*)
Seidenhaar-Königskerze (*Verbascum bombyciferum*)

Wissenschaftlicher Name	*Digitalis parviflora*
Volkstümlicher Name	**Kleinblütiger Fingerhut**
★	Staude
Pflanzung	zeitiger Frühling bis Mittherbst
Blüte	Spätfrühling bis Mittsommer

Höhe - 60 cm
Abstand - 1 Stück/m²
Boden - jeder
Lage - halbschattig

Durch die nuancenreichen Farben ist *Digitalis parviflora* für viele Farbkombinationen geeignet. Der Artname *parviflora* kommt aus dem Lateinischen und bedeutet „kleine Blume" und die Blüten sind tatsächlich klein, dafür aber zahlreich. Die aufrechte Statur macht diesen Fingerhut zum Blickfänger, auch wenn er kleiner ist als der sonst übliche Rote Fingerhut. Die Karamellbonbon-farbenen Blüten sind samtig und schimmern im Sonnenlicht.

Dieser Fingerhut passt gut zu Pflanzen, deren Blüten Rosa- oder Purpurtöne zeigen, wie *Salvia* 'Nachtvlinder' (Salbei) und *Linaria purpurea* 'Canon Went' (Purpur-Leinkraut), sowie hell gelbgrün leuchtende Töne wie *Euphorbia seguieriana* subsp. *niciciana* (Steppen-Wolfsmilch).

Wie alle Fingerhüte ist auch der Kleinblütige Fingerhut wunderbar für Bestäuber, insbesondere Bienen, die seine Blüten im Frühsommer beleben.

Passt gut zu

Steppen-Wolfsmilch (*Euphorbia seguieriana* subsp. *niciciana*)
Purpur-Leinkraut 'Canon Went' (*Linaria purpurea*)
Salbei 'Nachtvlinder' (*Salvia*)

Wissenschaftlicher Name	*Euphorbia seguieriana* subsp. *niciciana*
Volkstümlicher Name	**Steppen-Wolfsmilch**
★	Staude
Pflanzung	Früh- bis Mittherbst
Blüte	Spätfrühling bis Frühherbst

Höhe - 50 cm
Abstand - 1 Stück/m²
Boden - jeder
Lage - sonnig

Euphorbien verkörpern Helligkeit, da sie aus den für Sonnenanbeter typischen stumpferen Grün- und Grautönen hervorstechen. *Euphorbia seguieriana* subsp. *niciciana* (Steppen-Wolfsmilch) bildet einen halbkugelförmigen Horst, der gut in kleine Gartenräume passt und besonders gut wirkt, wenn für den natürlichen Habitus genug Platz ist. Mit dem stechend grünen Laub und den gelben Hochblättern, eignet sich die Pflanze als Anker für noch ausgefallenere Farben wie Braunorange oder Toffee oder als Kulisse für hellere Töne. Diese Wolfsmilch wirkt besonders schön zusammen mit einjährigem Mohn, *Cerinthe major* 'Purpurascens' (Große Wachsblume) und *Catananche caerulea* (Blaue Rasselblume).

Passt gut zu

Blaue Rasselblume (*Catananche caerulea*)

Große Wachsblume 'Purpurascens' (*Cerinthe major*)

Purpur-Leinkraut 'Canon Went' (*Linaria purpurea*)

Großer Wiesenknopf 'Arnhem' (*Sanguisorba officinalis*)

Wissenschaftlicher Name	*Geranium* 'Rozanne' ('Gerwat')
Volkstümlicher Name	**Storchschnabel**
★	Staude
Pflanzung	zeitiger Frühling bis Mittherbst
Blüte	Spätfrühling bis Mittherbst

Höhe - 60 cm
Abstand - 2 Stück/m²
Boden - jeder
Lage - halbschattig

Viele Menschen bezeichnen die bunten Blumen, die gewöhnlich in Tontöpfen auf der Fensterbank stehen, als „Geranien". In Wirklichkeit sind das Pelargonien. Echte Geranien sind wesentlich größer und haben unzählige runde Blüten, die draußen überwintern können.

Die blauvioletten Blüten von *Geranium* 'Rozanne' ('Gerwat') sind in der Mitte weiß. Auch im Schatten brauchbar, bildet der Storchschnabel ein gutes Duo mit Farnen in einem Innenhof oder an einem Seiteneingang. Alternativ kann man ihn auch zur violettblau blühenden Traubigen Katzenminze *Nepeta racemosa* 'Walker's Low' setzen. Im Herbst färben sich die Blätter in einem warmen Rotton.

Passt gut zu

Hirschzungenfarn (*Asplenium scolopendrium*)
Wurmfarn (*Dryopteris*)
Traubige Katzenminze 'Walker's Low' (*Nepeta racemosa*)
Katzenminze 'Six Hills Giant' (*Nepeta*)

Wissenschaftlicher Name	*Geum* 'Lemon Drops'
Volkstümlicher Name	**Nelkenwurz**
★	Staude
Pflanzung	zeitiger Frühling bis Mittherbst
Blüte	Spätfrühling bis Mittsommer

Höhe - 40 cm
Abstand - 2 Stück/m²
Boden - jeder
Lage - sonnig

Geum 'Lemon Drops' hat kleine gelbe Blüten, die auf ihren dünnen, sanft gebogenen Stängeln zu schweben scheinen. Die Blüten nicken und ihre Kronblätter schimmern leicht grünlich, was dieser Pflanze eine hübsche, wilde Erscheinung verleiht. Dadurch lässt sie sich gut in zeitgenössischen Gärten einsetzen. Die Blüten öffnen sich in rascher Folge und sind gut erreichbar, was diese Staude zu einem beliebten Ziel von Bestäubern macht. Manchmal sehen die Blüten etwas zerzaust aus, was zur Textur des Gartens beiträgt.

Geum 'Lemon Drops' ist ein hübsches dezentes Paar mit *Lunaria annua* 'Corfu Blue' (Einjähriges Silberblatt), das sich an den Rosaton der äußeren Blütenblätter anlehnt. Für die Kanten entlang der Wege ist die Pflanze eine exzellente Wahl, da sie sich inmitten der Beete verliert.

Passt gut zu

Sizilianischer Honiglauch (*Allium (Nectaroscordum) siculum*)
Einjähriges Silberblatt 'Corfu Blue' (*Lunaria annua*)
Tulpe 'Spring Green' (*Tulipa*)

Wissenschaftlicher Name	*Hakonechloa macra*
Volkstümlicher Name	**Japangras**
★	Staude
Pflanzung	Spätfrühling bis Spätherbst
Blüte	Früh- bis Mittsommer (aber gewöhnlich wegen des Laubs kultiviert); nach der Blüte zarte Samenstände

Höhe - 30 cm	
Abstand - 3 Stück/m²	
Boden - jeder	
Lage - sonnig oder halbschattig	

Dieses horstbildende Gras hat kräftige schmale Blätter, die beim Ausrieb eine helle gelbgrüne Farbe zeigen. Zum Winter hin verfärben sie sich bräunlich. Die Blätter biegen sich unter dem eigenen Gewicht auswärts und werden von limettengrünen Samenständen begleitet, die im Lauf des Sommers braun werden. Japangras ist ein schöner Begleiter für Farne, wobei es bei gleicher Wuchshöhe mit den sich entrollenden, dunkel grün-braunen Wedeln für Textur und Helligkeit sorgt, später trägt es zu den ungezählten Grüntönen bei.

Dieses Gras etabliert sich langsam, aber das Warten lohnt sich, da es seinen Pflanzplatz nie überwuchert und trotzdem das ganze Jahr präsent ist. Pflanzen Sie mindestens drei Büschel als Gruppe in unregelmäßiger Verteilung. Als Staude bildet es jedes Jahr neue grüne Triebe – ein Hinweis, dass die Zeit zum Abschneiden der braunen Vorjahresblätter gekommen ist.

Passt gut zu

Hirschzungenfarn (*Asplenium scolopendrium*)
Wurmfarn (*Dryopteris*)
Schneeweiße Hainsimse (*Luzula nivea*)
Tulpe (*Tulipa* sp.)

Wissenschaftlicher Name	*Melica altissima* 'Alba'
Volkstümlicher Name	**Hohes Perlgras**
★	Staude
Pflanzung	zeitiges Frühjahr bis Mittherbst
Blüte	Frühlingsmitte bis Frühsommer (gewöhnlich wegen des Laubs kultiviert)

Höhe - 60 cm	
Abstand - 3 Stück/m²	
Boden - jeder	
Lage - jede	

Melica altissima 'Alba' ist ein niedriges, kleine Hügel bildendes Gras, das zurückhaltend genug ist, um mit vielen verschiedenen Pflanzen in Gesellschaft zu stehen. Seine schmalen Blätter sind strahlend grün und verweben sich leicht, wodurch ein wiesenähnlicher Effekt entsteht, der sowohl grelle als auch dezente Farben im Garten hervorhebt.

Spätestens im Frühsommer schweben winzige, schimmernde, weiße Büten über den Blättern der Halme. Später werden daraus ebenso winzige Samen, die wie Reiskörner aussehen und in ätherischen Rispen stehen. Blüten- und Samenstände haben einen feinen Glanz und reflektieren das Licht wunderbar. *Melica altissima* 'Alba' passt besonders gut zu *Allium* 'Millennium' (Zierlauch), der zu Rosa tendiert, was einen harmonischen Kontrast bildet.

Dieses Gras wächst ebenso gut im Kübel wie im Freiland, wodurch es sich für verschiedenste Pflanzenarrangements empfiehlt.

Passt gut zu

Zierlauch 'Millennium' (*Allium*)
Sizilianischer Honiglauch (*Allium (Nectaroscordum) siculum*)
Salbei 'Nachtvlinder' (*Salvia*)

Wissenschaftlicher Name	*Nepeta racemosa* 'Walker's Low'
Volkstümlicher Name	**Traubige Katzenminze**
★	Staude
Pflanzung	zeitiges Frühjahr bis Mittherbst
Blüte	Frühsommer bis Frühherbst

Höhe - 60 cm	
Abstand - 3 Stück/m²	
Boden - jeder	
Lage - halbschattig, sonnig	

Zerreiben Sie die Blätter von *Nepeta racemosa* 'Walker's Low' zwischen den Fingern und sie verströmen den Duft von Zitrone und Gewürzen. Die kleinen trompetenförmigen Blüten sind lebendig, fast changierend violettblau und sitzen über weißlich grünem Laub. Die Pflanze neigt manchmal dazu, umzufallen. Sie überlebt das Hin- und Herschwanken aber gut, wenn man sie am Wegesrand setzt, wo sie zudem ihren wundervollen Duft verströmen kann.

Die violettblauen Blüten mit einer sehr langen Blütezeit und die grünen Blätter passen gut zu anderen Pflanzen mit kreidigen Tönen. Jeder der kleinen Blütentrompeten hat eine vorspringende Lippe, die als Landebahn für Bestäuber dient und sie in die Blüte lockt. Das Violettblau ist besonders bei Bienen beliebt.

Höher und kälteresistenter ist die Katzenminze *Nepeta* 'Six Hills Giant', die sich nützlich erweist, wenn man bei kälterem Klima gärtnert.

Passt gut zu

Schafgarbe 'Terracotta' (*Achillea*)
Salbei 'Nachtvlinder' (*Salvia*)

Wissenschaftlicher Name	*Papaver rupifragum*
Volkstümlicher Name	**Spanischer Mohn**
★	Staude
Pflanzung	zeitiges Frühjahr bis Mittherbst
Blüte	Frühsommer bis Spätsommer, nach der Blüte dekorative Samenkapseln

Höhe - 40 cm
Abstand - 1 Stück/m²
Boden - jeder
Lage - sonnig

Trotz der zarten Erscheinung blüht der Spanische Mohn monatelang und er kommt zuverlässig Jahr für Jahr wieder. Er passt schön zu Pflanzen mit grellen Farben, die das Leuchten seiner Blüten zutage bringen, z. B. *Euphorbia* (Wolfsmilch), und zu Pflanzen, die ähnliche wiesenartige Eigenschaften haben, darunter *Orlaya grandiflora* (Strahlen-Breitsame).

Papaver rupifragum ist eine großartige Wahl für den Pflanzkübel, weil sich im Sommer täglich neue Blüten öffnen. Sobald die Blütenblätter abfallen, entwickeln sich als Ersatz dekorative Samenkapseln. Sie werden im Herbst grau und papierartig.

Passt gut zu

Wolfsmilch (*Euphorbia* sp.)
Strahlen-Breitsame (*Orlaya grandiflora*)

Wissenschaftlicher Name	*Pulsatilla vulgaris*
Volkstümlicher Name	**Gewöhnliche Küchenschelle**
★	Staude
Pflanzung	zeitiges Frühjahr bis Frühherbst
Blüte	Frühlingsmitte bis -ende, nach der Blüte flaumige Samenkapseln

Höhe - 20 cm
Abstand - 3 Stück/m²
Boden - gut durchlässig
Lage - sonnig

Pulsatilla vulgaris ist überall dort ein hübsches, niedrig wachsendes Detail, wo sie die Sonnenwärme genießen kann, sie blüht aber bei jedem Wetter. Die kleinen, violetten, glockenförmigen Blüten öffnen sich himmelwärts und zeigen eine gelbes Herz voller Staubgefäße. Über dem gefiederten grünen Laub stecken die Blüten in einer grünen Halskrause von Hochblättern und die Knospen, Blüten und Stängel sind seidig behaart. Das verleiht der Pflanze eine silbrige Erscheinung.

Die Staude wird am besten mit Pflanzen kultiviert, die den Purpurschimmer zur Geltung bringen, z. B. mit den zweifarbig hell und dunkel behauchten Blüten von *Linaria maroccana* 'Licilia Violet' (Marokko-Leinkraut) oder mit dem satten Purpurton von *Salvia* 'Nachtvlinder' (Salbei). Die blassen cremefarbenen Blüten von *Eschscholzia californica* 'Ivory Castle' (Kappenmohn) sind eine weitere gut passende Paarung, da sie ein Echo zum Silberton der perlmuttfarbenen Küchenschellen-Samenstände darstellen. Beide gleichen sich in geringer Größe und Wuchsgeschwindigkeit. In einem kleinen Garten sieht die Kombination wunderbar neben dem kleinblättrigen silbergrünen *Thymus* 'Fragrantissimus' (Orangen-Thymian) aus.

Vom späten Frühling an verwandeln sich die Blüten in flauschige Samenstände in Grün und Rosa. Trotz der fragilen Erscheinung sind sie ziemlich robust und halten sich draußen monatelang. Diesen schwebenden Look kann dann später im Sommer *Tulbaghia violacea* (Knoblauchs-Kaplilie) mit anderem Farbton übernehmen.

Nach dem Pflanzen kann es dauern, bis die Küchenschelle blüht, aber das Warten lohnt sich, da sie das ganze Jahr hindurch zum Garten beiträgt. Sie ist auch beliebt bei Bestäubern.

Passt gut zu

Kappenmohn 'Ivory Castle' (*Eschscholzia californica*)
Marokko-Leinkraut 'Licilia Violet' (*Linaria maroccana*)
Marienkäfer-Mohn 'Ladybird' (*Papaver commutatum*)
Lecoques Mohn 'Albiflorum' (*Papaver dubium* subsp. *lecoqii*)
Salbei 'Nachtvlinder' (*Salvia*)
Orangen-Thymian 'Fragrantissimus' (*Thymus*)
Knoblauchs-Kaplilie (*Tulbaghia violacea*)

Gewöhnliche Küchenschelle (*Pulsatilla vulgaris*) in Blüte und später die zarten Samenstände.

Wissenschaftlicher Name	*Rosa × odorata* 'Mutabilis'
Volkstümlicher Name	**Tee-Rose**
★	Strauch
Pflanzung	zeitiges Frühjahr bis Mittherbst
Blüte	Spätfrühling bis Spätherbst

Höhe - 2,4 m

Abstand - 1 Stück/m²

Boden - jeder

Lage - sonnig

Rosa × odorata 'Mutabilis' ist aufgrund der einfachen Form ihrer Blüten derzeit sehr in Mode gekommen. Der Sortenname 'Mutabilis' ist lateinischen Ursprungs und bedeutet „sich wandelnd". Die Blüten, die an den im Frühling bronzefarbenen Trieben entstehen, sind wegen ihrer veränderlichen Farbe begehrt. Anfangs gelb, färben sie sich dann intensiv rosa und schließlich karminrot.

Die Blüten erscheinen von Frühling bis Herbst in Intervallen und passen gut zu jeder Art von Pflanzen, von der Tulpe bis zur Aster. Im Gegensatz zu den hochgezüchteten Edelrosen, die oft üppig gefüllte Blüten haben, sind die offenen Blüten der Tee-Rose sehr nützlich für Bestäuber.

Passt gut zu

Steppen-Wolfsmilch (*Euphorbia seguieriana* subsp. *niciciana*)
Tulpe 'Gavota' (*Tulipa*)
Tulpe 'Slawa' (*Tulipa*)

Wissenschaftlicher Name	*Salvia* 'Nachtvlinder'
Volkstümlicher Name	**Salbei**
★	Staude
Pflanzung	zeitiges Frühjahr bis Mittherbst
Blüte	Spätfrühling bis Spätherbst

Höhe - 60 cm
Abstand - 1 Stück/m²
Boden - gut durchlässig
Lage - Sonne

Salvia 'Nachtvlinder' ist eine vielseitige Pflanze mit sattpurpurnen Blüten. Die Farbintensität der Lippenblüten tendiert zu Schwarz, während die dünnen Stängel und die kleinen, spärlich verteilten Blätter der Pflanze einen transparenten Look geben. Daher kann man gut einige Exemplare dieser Sorte nebeneinander setzen, aber auch mit anderen Pflanzen kombinieren. Durch die dunklen Farbnuancen der Blüten heben sie sich deutlich vom Blattwerk des Gartens ab, vor allem bei hellstem Sonnenschein.

Diese Staude sieht zusammen mit *Cerinthe major* 'Purpurascens' (Große Wachsblume) wunderbar aus. Sie passt auch gut zu *Allium* in helleren oder dunkleren Purpurschattierungen.

Salbei ist ursprünglich am Mittelmeer heimisch und dadurch an heißes trockenes Klima angepasst. Mit der Veränderung unserer Wetterverhältnisse als Ergebnis des Klimawandels gilt er als idealer Kandidat für nachhaltige Gartenbepflanzungen. Seine Blüten locken den gesamten Sommer hindurch eine große Vielfalt an Bestäubern an.

Passt gut zu

Große Wachsblume 'Purpurascens' (*Cerinthe major*)
Traubige Katzenminze 'Walkers Low' (*Nepeta racemosa*)
Echtes Eisenkraut 'Bampton' (*Verbena officinalis*)

Wissenschaftlicher Name	*Salvia nemorosa* 'Caradonna'
Volkstümlicher Name	**Steppen-Salbei**
★	Staude
Pflanzung	zeitiges Frühjahr bis Mittherbst
Blüte	Frühsommer bis Mittherbst

Höhe - 60 cm
Abstand - 2 Stück/m²
Boden - jeder
Lage - sonnig

Als Lieblingssalbei der Gartengestalter hebt sich *Salvia nemorosa* 'Caradonna' durch seine dunklen Stängel und die blauvioletten Blüten hervor. Schon bevor sich im Sommer die Blüten öffnen, machen die dunkel gekreuzten Knospen im Morgenlicht Furore.

Dieser Salbei ist ein guter Geselle für *Nepeta racemosa* 'Walkers Low' (Traubige Katzenminze) mit violettblauen Blüten, die die gleiche Höhe erreicht, und zudem eignet er sich als Unterpflanzung für darüber hinausragende, frühlingsblühende Zwiebelpflanzen.

Passt gut zu

Holländischer Lauch 'Purple Sensation' (*Allium hollandicum*)
Sizilianischer Honiglauch (*Allium (Nectaroscordum) siculum*)
Karthäuser-Nelke (*Dianthus carthusianorum*)
Traubige Katzenminze 'Walkers Low' (*Nepeta racemosa*)

Wissenschaftlicher Name	*Salvia officinalis* 'Purpurascens'
Volkstümlicher Name	**Echter Salbei**
★	Staude oder Halbstrauch
Pflanzung	zeitiges Frühjahr bis Mittherbst
Blüte	Spätfrühling bis Mittsommer; wird gewöhnlich wegen seines imponierenden Blattwerks kultiviert

Höhe - 50 cm
Abstand - 1 Stück/m²
Boden - gut durchlässig
Lage - sonnig

Salvia officinalis 'Purpurascens' ist am besten bekannt als essbares Heilkraut. Mit filzigen Blättern in unterschiedlichen Nuancen von Pflaume und Grün, absorbiert der Salbei das Licht und präsentiert sich als praktischer Gegenpol zu höher wachsenden, schütteren Pflanzen. Am Boden bildet er einen niedrigen Hügel und verbindet sich dekorativ mit *Verbena officinalis* 'Bampton' (Echtes Eisenkraut), indem er einen Kontrast durch die Farbe und den dichten Wuchs bildet. Die samtigen pflaumenfarbenen Blätter des Salbeis sind eine Bühne, auf welcher der zarte und durchscheinende Charakter des Eisenkrauts hervorgehoben wird.

Die Purpurfarbe von *Salvia officinalis* 'Purpurascens' wird im Sonnenschein dunkler und im Schatten grüner. Als immergrüne Staude oder Halbstrauch zeigt der Salbei mit den rosa Blüten ständige Präsenz im Garten.

Salbei lässt sich in Kübeln kultivieren, was für kleine Gartenräume ideal ist.

Passt gut zu

Große Wachsblume 'Purpurascens' (*Cerinthe major*)
Marokko-Leinkraut 'Licilia Violet' (*Linaria maroccana*)
Echtes Eisenkraut 'Bampton' (*Verbena officinalis*)

Wissenschaftlicher Name	*Salvia rosmarinus*
Volkstümlicher Name	**Rosmarin**
★	Halbstrauch
Pflanzung	zeitiges Frühjahr bis Mittherbst
Blüte	Frühlingsmitte bis Spätsommer

Höhe - 30 bis 60 cm
Abstand - 1 Stück/m²
Boden - gut durchlässig
Lage - sonnig

Pflanzen mit immergrünem Laub eignen sich gut als optische Anker, um die man sowohl früh als auch spät blühende Arten gruppieren kann. Rosmarin ist ein Halbstrauch mit wunderschöner grafischer Silhouette, die durch die nadeldünnen Blätter entsteht. Das tiefe Grün der Blätter wird durch ihre schmale Form aufgelockert und damit lässt sich Rosmarin gut als Hintergrund für eine Vielzahl von Arten nutzen.

Es gibt zahlreiche Rosmarin-Sorten, manche hoch und schmal, andere niedrig und breit. Salvia *rosmarinus* 'Miss Jessop's Upright' ist eine hoch wachsende Sorte mit winzigen, leuchtend blauen Blüten und einem grünlich blauen Ton im Laub. Er passt gut zu den sattpurpurnen Blüten von *Salvia* 'Nachtvlinder' (Salbei) und dem Violettblau von *Cerinthe major* 'Purpurascens' (Große Wachsblume).

Alle Rosmarin-Sorten sind essbar. Platzieren Sie die Pflanzen an eine Stelle, wo sie von Sonne und Wärme profitieren, damit sich der Duft verstärkt.

Passt gut zu

Große Wachsblume 'Purpurascens' (*Cerinthe major*)
Marokko-Leinkraut 'Licilia Violet' (*Linaria maroccana*)
Gewöhnliche Küchenschelle (*Pulsatilla vulgaris*)
Salbei 'Nachtvlinder' (*Salvia*)

Wissenschaftlicher Name	*Sanguisorba officinalis* 'Arnhem'
Volkstümlicher Name	**Großer Wiesenknopf**
★	Staude
Pflanzung	zeitiges Frühjahr bis Mittherbst
Blüte	Früh- bis Spätsommer

Höhe - 2 m
Abstand - 2 Stück/m²
Boden - jeder
Lage - sonnig, halbschattig

Sanguisorba officinals 'Arnhem' sorgt mit den kardinal- bis weinroten knopfähnlichen Blütenständen, deren Blüten sich gleichzeitig öffnen, für ein Farbkontinuum. Die Blütenknöpfe sitzen endständig an langen, dünnen Stängeln, die bis 2 m Höhe erreichen können. Hohe Pflanzen mit quasi durchsichtigem Charakter wie diese eignen sich gut, um Sichtachsen auf kleinem Raum zu verstellen und doch einen kurzen Blick darauf zu ermöglichen, was sich jenseits des Hindernisses befindet. Der Wiesenknopf blüht im Sommer, wenn das Sonnenlicht am intensivsten ist. Dadurch wird die rote Farbe der Blüten noch satter.

Passt gut zu

Steppen-Wolfsmilch (*Euphorbia seguieriana* subsp. *niciciana*)
Marokko-Leinkraut 'Licilia Violet' (*Linaria maroccana*)
Wiesenraute 'Elin' (*Thalictrum*)

Wissenschaftlicher Name	*Symphyotrichum* 'Little Carlow'
Volkstümlicher Name	**Herbstastern-Sorte**
★	Staude
Pflanzung	zeitiges Frühjahr bis Mittherbst
Blüte	Spätsommer bis Mittherbst

Höhe - 90 cm
Abstand - 2 Stück/m²
Boden - jeder
Lage - sonnig, halbschattig

Symphyotrichum 'Little Carlow' ist eine feine und doch voluminöse Pflanze mit kleinen, margeritenähnlichen Blütenköpfchen, die in der Mitte ein leuchtend gelbes Auge haben. Sie gehört zu den ersten Herbstblühern und ist nützlich, um den Reiz der Farben im Garten zu verlängern. Die Blüten behalten ihre Farbe, wenn die der umgebenden Pflanzenarten schon vergehen, und sind damit ein Magnet für die spät ausfliegenden Bestäuber.

Die fliederfarbenen Zungenblüten knüpfen an den Rosaschimmer der *Allium*-Samenstände an und die Pflanze passt gut zur Herbst-Anemone *Anemone* 'Wild Swan' ('Macane001'), die das gleiche gelbe Auge in der Blütenmitte besitzt.

Winzige Blätter und dunkle schmale Stängel geben dieser Staude einen durchscheinenden Look und sie macht sich gut an Stellen, die überwiegend schattig sind, da sie den Schatten durch ihre Farben aufhellt.

Passt gut zu

Holländischer Lauch 'Purple Sensation' (*Allium hollandicum*)
Herbst-Anemone 'Wild Swan' ('Macane001') (*Anemone*)

Wissenschaftlicher Name	*Thalictrum 'Elin'*
Volkstümlicher Name	**Wiesenraute**
★	Staude
Pflanzung	zeitiges Frühjahr bis Mittherbst
Blüte	Früh- bis Spätsommer

Höhe - 2 m
Abstand - 1 Stück/m²
Boden - jeder
Lage - sonnig, halbschattig

Aberhunderte winziger Blüten der Wiesenraute schaffen gemeinsam einen Farbenschleier, der bis zu 2 m hoch wird. Sowohl die Knospen als auch die Blüten von *Thalictrum* 'Elin' haben schimmernde Eigenschaften, die zusammen mit anderen silbernen Pflanzen gut wirken.

Das dunkle Laub steht mit großen Abständen lagenweise waagerecht ab, was die Pflanze zu einer nützlichen Kandidatin macht, um Höhe zu gestalten, ohne auf kleinem Raum zu viel Schatten zu werfen, wie es auch mit einem schütteren Baum wäre.

Die Farbe des Laubs sorgt dafür, dass die Wiesenraute gut zu Pflanzen mit dunklen Blüten wie *Salvia* 'Nachtvlinder' (Salbei) und *Linaria maroccana* 'Licilia Violet' (Marokko-Leinkraut) passt. Sie wirkt auch schön in Kombination mit Rosa, was ihre Grautöne hervorhebt.

Passt gut zu

Große Sterndolde 'Shaggy' (*Astrantia major* subsp. *involucrata*)
Marokko-Leinkraut 'Licilia Violet' (*Linaria maroccana*)
Salbei 'Nachtvlinder' (*Salvia*)
Seidenhaar-Königskerze (*Verbascum bombyciferum*)

Die luftigen weißen Blüten und hübschen, purpurn überlaufenen Blätter und Stängel der Wiesenraute 'Elin' (*Thalictrum*).

Wissenschaftlicher Name	*Thymus* 'Fragrantissimus'
Volkstümlicher Name	**Orangen-Thymian**
★	Halbstrauch
Pflanzung	zeitiges Frühjahr bis Mittherbst
Blüte	Früh- bis Spätsommer

Höhe - 20 cm
Abstand - 1 Stück/m²
Boden - gut durchlässig, sandig
Lage - sonnig

Als auf dem Boden ausgebreiteter, immergrüner Halbstrauch mit kleinen duftenden Blättern und winzigen weißen Blüten trägt der Orangen-Thymian (*Thymus* 'Fragrantissimus') zur Ausgewogenheit von Höhen und Wuchsformen in einem kleinen Garten bei. Er ist ein guter Gesellschafter für viele unterschiedliche Pflanzen. In der unteren Pflanzenetage sorgt er als hübsche Kleinigkeit für den Eindruck von wilder, nicht kultivierter Fläche. Er steht einfach so zwischen Pflanzen mit einfachen einzelnen Blüten, während der Anschein von Gestaltung gewahrt ist. Seine kleinen Blüten und Blättchen machen ihn trotz seiner geschrumpften Größe optisch komplex.

Thymian sorgt für einen gestalterischen Kontrast zu den größeren aufrechten Pflanzen und wirkt besonders hübsch, wenn das Licht zwischen ihnen bis zu ihm durchdringt.

Da Thymian in nährstoffarmen, sehr durchlässigen Böden mit geringem Wasserangebot gut gedeiht, ist er eine ausdauernde und unkomplizierte Wahl.

Passt gut zu

Kappenmohn 'Ivory Castle' (*Eschscholzia californica*)
Gewöhnliche Küchenschelle (*Pulsatilla vulgaris*)
Wiesenraute 'Elin' (*Thalictrum*)

Wissenschaftlicher Name	*Tulbaghia violacea*
Volkstümlicher Name	**Knoblauchs-Kaplilie**
★	Staude
Pflanzung	zeitiges Frühjahr bis Mittherbst
Blüte	Frühsommer bis Spätherbst

Höhe - 50 cm
Abstand - 1 Stück/m²
Boden - gut durchlässig
Lage - sonnig

Tulbaghia violacea ist eine erfrischende Mischung aus Schönheit und Zuverlässigkeit. Ihre grasähnlichen Blätter bieten einen schönen Hintergrund für seine Schirme sterförmiger Blüten, die an den Spitzen leicht auswärts gebogen sind. Sie blühen ununterbrochen von Frühsommer bis zum Ende des Herbsts. Die zarten Blüten bestehen aus Trompeten, die strahlenförmig vom oberen Ende jedes Stängels ausgehen. Da die Blätter schmal und untergeordnet sind, bleiben sie anders als die Blüten fast unsichtbar, wodurch die Blüten zu schweben scheinen. Sie ist ein Magnet für kleine Bestäuber, die ihre Blüten beleben.

In einem kleinen Garten muss man sich gut überlegen, wohin man die Pflanze platziert, da der Raum zwischen Basis und Blüte verloren geht, wenn sie zu eng neben anderen Pflanzen steht. Sie passt gut in die Gesellschaft anderer Sonnenanbeter wie *Lunaria* (Silberblatt) und *Cerinthe major* 'Purpurascens' (Große Wachsblume), deren Blüten ebenso delikat sind und mit der Knoblauchs-Kaplilie eine schöne, geschichtete Kombination schaffen.

Passt gut zu

Große Wachsblume 'Purpurascens' (*Cerinthe major*)
Karthäuser-Nelke (*Dianthus carthusianorum*)
Karwinskis Berufkraut (*Erigeron karvinskianus*)
Schmetterlings-Gladiole (*Gladiolus papilio*)
Silberblatt (*Lunaria*)
Lecoques Mohn 'Albiflorum' (*Papaver dubium* subsp. *lecoqii*)
Schlaf-Mohn (*Papaver somniferum*)

Wissenschaftlicher Name	*Verbena officinalis* 'Bampton'
Volkstümlicher Name	**Echtes Eisenkraut**
★	Staude
Pflanzung	zeitiges Frühjahr bis Mittherbst
Blüte	Frühsommer bis Frühherbst

Höhe - 1 m

Abstand - 1 Stück/m²

Boden - jeder

Lage - sonnig

Das lakritzfarbene Laub von *Verbena officinalis* 'Bampton' hat einen irisierenden Schimmer, der Tiefe zum frischen leuchtenden Grün des Frühsommers beiträgt. Die vielen kleinen Blüten in hellem Rosa wachsen an der Spitze eines Gerüstes dunkler schmaler Stängel. Die geringe Größe der Blüten und ihre luftige Verteilung schaffen eine ätherische Wirkung. Da die Blüten zeitgleich erscheinen, vereinen sie sich zu einem Farbschleier.

Diese Staude lässt sich gut mit Pflanzen kombinieren, die grünes oder kreidig-graues Laub haben und frische, strahlend farbige Blüten. Ziehen Sie in Betracht, Eisenkraut mit den gelb blühenden *Verbascum bombyciferum* 'Polarsommer' (Seidenhaar-Königskerzen) oder der bläulichen *Cerinte major* 'Purpurascens (Große Wachsblume) zu kombinieren.

Diese Verbenenart ist bemerkenswert, weil sie extrem ausdauernd blüht, und die winzigen zahlreichen Blüten sind nicht nur hübsch anzusehen, sondern auch gute Nektarlieferanten, insbesondere für kleinere Bestäuber.

Passt gut zu

Große Wachsblume 'Purpurascens' (*Cerinthe major*)
Salbei 'Nachtvlinder' (*Salvia*)
Seidenhaar-Königskerze 'Polarsommer' (*Verbascum bombyciferum*)

Zwiebelpflanzen

Pflanzen mit Zwiebeln, Knollen, Rhizomen und Rüben werden in der Botanik unter dem Begriff Geophyten zusammengefasst. Diese Organe sind schlafende, unter der Erde befindliche Triebe, Knospen und Wurzeln, die zu einer gewissen Zeit austreiben. Sie lassen sich direkt einpflanzen, wenn die Umweltbedingungen günstig werden und enthalten alles was zum Blühen nötig ist.
Bei den Zierpflanzen werden oft Pflanzen mit Zwiebeln, Knollen und Rhizomen als „Zwiebelpflanzen“ zusammengefasst, so auch hier.

- Der Schlüssel zum Erfolg von Zwiebelpflanzen liegt in der richtigen Pflanzzeit. Frühlingsblühende Zwiebelpflanzen wie Tulpen oder Zierlauch sollten im Herbst gepflanzt werden, damit sie den Winter kühl und dunkel in der Erde verbringen. Sommerblühende Zwiebelpflanzen wie Dahlien (mit Knollen oder Rhizomen) pflanzt man im Frühling.

  Zwiebelpflanzen sind unübertroffen, wenn es um die Betonung jahreszeitlichen Wechsels geht, da sie unsere Aufmerksam nach draußen lenken. Auch wenn uns in erster Linie der Frühling in den Sinn kommt, wenn wir an Zwiebeln denken, blühen viele Zwiebelpflanzen zu anderen Jahreszeiten.

- Die Auswahl von Zwiebelpflanzen für den Garten macht viel Spaß, weil sie in einer immensen Farb- und Formenpalette verfügbar sind und durch die große Auswahl in jeden Pflanzplan passen. Es gibt für alle möglichen Böden und Lagen passende Arten. Die Wahl frühlingsblühender Arten im Herbst kann ziemlich verlockend sein, weil ma ja weiß, dass sie während der düsteren Wintertage draußen auf den Beginn des Frühlings warten.

- Die sehr zeitig im Jahr blühenden Zwiebelpflanzen sind besonders nützlich für Bestäuber, da sie Nahrung bieten, wenn es noch kaum etwas zum Sammeln gibt.

- Obwohl Zwiebeln (und z, T. auch Knollen und Rhizome) traditionell als Wegwerfprodukt und wegen der erforderlichen Chemikalien und Wassermenge sowie der Transportkosten bei der kommerziellen Produktion einen schlechten Ruf in Sachen Natur genießen, wendet man sich nun zusehends hin zu mehrjährigen Zwiebelpflanzen, die vor Ort vermehrt wurden und ohne Chemikalien auskommen. Das heißt, sie haben nun eine positive Wirkung auf die Umwelt, indem sie Kohlenstoff aufnehmen und die Vielfalt der Bestäuber vergrößern.

Wissenschaftlicher Name	*Allium*
Volkstümlicher Name	**Zierlauch**
★	Zwiebel
Pflanzung	Mitt- bis Spätherbst
Blüte	Spätfrühling bis Spätsommer, die kugeligen Samenstände halten sich bis in den Winter

Höhe - 40 bis 90 cm
Abstand - 5 bis 10 Stück/m²
Boden - gut durchlässig
Lage - volle Sonne

Allium mit seinen fast kugeligen Blütenständen gewinnt den ersten Preis für satte Farben und lange anhaltende, plastische Form. Ein Blütenstand pro Stängel mittlerer Höhe ist aus hunderten winziger Blütchen zusammengesetzt, die in Kugelform um einen zentralen Ausgangspunkt herum sitzen. Aufgrund der geraden, aufrechten Stängel und des niedrigen, schmalen Blattwerks scheinen die Blüten zu schweben. Darunter bleibt viel Platz für andere Pflanzen. Die Blüten sind in einer verlaufenden Farbpalette von Purpurtönen erhältlich, die von Rosa über Violett bis Cassis reicht, und es gibt für jegliche Pflanzgestaltung und Gartensituation einen passenden Zierlauch.

Nach dem Verblühen übernehmen kugelige Samenstände in Braun und Milchweiß die Form der vorherigen Blüten. Diese Samenstände sehen sehr malerisch aus und sind robust, sie überbrücken die Jahreszeiten und zieren den Garten auch durch die Wintermonate hindurch.

Allium hollandicum 'Purple Sensation' (Holländischer Lauch) hat purpurne Blüten, die zusammen mit heller oder dunkler purpurnen Blüten, Stängeln oder Laub schön aussehen. Sie stehen endständig auf absolut geraden Stängeln und passen gut zu Pflanzen auf eher biegsamen Stängeln wie *Geum* (Nelkenwurz) oder *Papaver* (Mohn). Dadurch kommen die „wilden" Eigenschaften von *Allium* und die Farbreflexe von Pflaume und Schwarz in den Blüten zur Geltung.

Der Zierlauch *A.* 'Millennium', dessen Farbe eher zu Rosa tendiert, sieht gut in Kombination mit niedrigen, horstbildenden Gräsern wie *Melica altissima* 'Alba' (Hohes Perlgras) aus, dessen winzige weiße Blüten das Licht ähnlich reflektieren.

Passt gut zu

Einjähriges Silberblatt 'Corfu Blue' (*Lunaria annua*)
Hohes Perlgras 'Alba' (*Melica altissima*)
Marienkäfer-Mohn 'Ladybird' (*Papaver commutatum*)
Salbei 'Nachtvlinder' (*Salvia*)
Tulpe 'Spring Green' (*Tulipa*)

Holländischer Lauch 'Purple Sensation' (*Allium hollandicum*)

Zierlauch 'Millennium' (*Allium*)

Kugel-Lauch (*Allium sphaerocephalon*)

Die kleinen runden Blütenstände von *A. sphaerocephalon* (Kugel-Lauch) sind anfangs grün und verschwimmen mit dem benachbarten Grün, bis sie im Sommer ihren Cassis-Ton zeigen.

Eine besondere Erwähnung verdient *Allium (Nectaroscordum) siculum* (Sizilianischer Honiglauch). Diese überhängende *Allium*-Art besitzt faszinierende Blüten in blassem Rosa mit weißen Streifen und einem grünlich-grauen Schimmer. Die Blüten stehen auf bogenförmig überhängenden Blütenstielen und verleihen der Pflanzen einen wild-natürlichen Look, wodurch sie sich mühelos in zeitgenössische Gärten einfügt. Die blassen Farben sind besonders günstig, um schattige Flecken aufzuhellen, weshalb die Pflanze eine gute Wahl für teilweise schattige Bereiche im Garten ist und dort auch gedeiht.

Allium-Blüten sind reich an Pollen und Nektar, was sie bei Bestäubern sehr beliebt macht. Tatsächlich verweist der synonyme Gattungsnamen *Nectaroscordum* für die Gattung *Allium* auf die nektarreichen Blüten, wobei *A. siculum* eine bei Bestäubern besonders begehrte Zwiebelpflanze ist. Sobald die Blüten bestäubt sind, richten sich die einzelnen Blütchen auf wie die Türmchen eines Schlosses und färben sich matt.

Pflanzen Sie im Herbst die *Allium*-Zwiebeln in Gruppen von bis zu 10 Exemplaren 15 cm tief in die Erde, verteilen Sie sie in unregelmäßigen Abständen. Lassen Sie zwischen den Zwiebeln genug Abstand, dass sich die Blüten nicht ins Gehege kommen, wenn sie sich öffnen.

Die herabhängenden gestreiften Blüten des Sizilianischen Honiglauch (*Allium (Nectaroscordum) siculum*) sind bei Bienen beliebt und richten sich auf, sobald sie bestäubt wurden.

Wissenschaftlicher Name	*Dahlia*
Volkstümlicher Name	**Dahlie**
★	Knolle
Pflanzung	Spätfrühling bis Frühsommer
Blüte	Mittsommer bis Spätherbst

Höhe - 70 bis 150 cm

Abstand - 1 Stück/m²

Boden - gut durchlässig

Lage - sonnig

Dahlien besitzen einen achtfachen Chromosomensatz, während die meisten anderen Pflanzen nur zwei haben. Das sorgt für eine beachtenswerte Abwechslung von Blütenfarben und Formen. Diese genetische Abweichung bietet Pflanzenzüchtern auf der Suche nach immer Neuem geradezu unbegrenzte Möglichkeiten. Das breite und nuancenreiche Farbspektrum mit unterschiedlichen Schattierungen und Farbintensitäten macht die Dahlien besonders geeignet für bunte und zeitgenössische Gartengestaltungen. Einige Züchtungen bieten obendrein den Genuss von sehr dunklem, purpurbraunem Laub und Stängeln, was den üppig bunten Blüten zusätzliche Tiefe gibt und die blasseren Blüten hübsch hervortreten lässt.

Ungefüllte Dahlien-Blütenköpfchen haben einen einzigen Kranz aus Zungenblüten und eine offene Blütenmitte aus Röhrenblüten mit reichlich Pollen und Nektar, was sie für Bestäuber besonders vorteilhaft macht. Diese einfachen Körbchenblüten sind auch näher an den in der Natur auftretenden Blütenformen, daher mischen sie sich mit anderen Pflanzen ohne Misstöne und sind am leichtesten in kleinen Gartenräumen einzusetzen.

Die leicht kultivierbare *Dahlia merckii* (Merck-Dahlie) ist eine wunderbare Art mit frisch rosafarbenen Blütenköpfen und dunkelgelber Mitte. Die nickenden Köpfe stehen endständig auf langen geraden Stängeln, wodurch das Sonnenlicht in der zweiten Sommerhälfte auch zum Bewuchs unter den Dahlien gelangt. *Dahlia* 'Twynings After Eight' besitzt cremige, vanillefarbene Köpfe mit einem Hauch von Gelb am Ansatz der Zungenblüten, eine orangefarbene Mitte und leuchtend orangefarbene Staubblätter. Sattbraunes Laub sorgt für eine weitere Farbebene. *Dahlia*

Passt gut zu

Karthäuser-Nelke *(Dianthus carthusianorum)*

Salbei 'Amistad' (*Salvia*)

Merck-Dahlie (*Dahlia merckii*)

Dahlie 'Happy Single Wink' ('HS Wink') (*Dahlia*)

Dahlie 'Mary Eveline' (*Dahlia*)

'Roxy' hat relativ kleine Blütenköpfe, wodurch sie sich besonders gut als Kübelpflanze eignet. Die neonrosa Zungenblüten und braunroten Augen versprechen, dass sie gut zu dunkleren Farben passt.

Für Kübel bietet sich auch die niedrige Sorte *Dahlia* 'Bishop of Auckland' mit dunkelroten ungefüllten Blütenköpfen und dunkelgrünem Laub an. *D.* 'Waltzing Mathilda' mit ihren aprikosen-orangefarbenen Körbchenblüten, die dunkelorangefarbene Spitzen und eine leichte Biegung haben, ist aktuell eine beliebte Wahl. Trotz der halbgefüllten Blüten ist die Blütenmitte offen. 'Waltzing Mathilda' bildet ein schönes, farbenfrohes und lang blühendes Duo mit *Dianthus carthusianorum* (Karthäuser-Nelke).

Ursprünglich in Mexiko und Mittelamerika beheimatet, gelten Dahlien traditionell nicht als winterhart in Detuschland. Als Ergebnis der durch den Klimawandel veränderten Witterungsverhältnisse und neuerdings milder Winter können Dahlien eventuell draußen überwintern und gehen nur in den nassesten kalten Wintern ein. Der erste Frost des Herbstes lässt ihre Blätter schwarz werden und sie blühen nicht weiter. Die Knolle überlebt jedoch und wird im nächsten Sommer wieder blühen. Wenn bei Ihnen kalte Winter herrschen, graben Sie die Knollen aus und lagern Sie sie frostfrei ein oder verwenden Sie einen isolierenden Mulch.

Dahlen kann man als Topfpflanzen im Frühsommer kaufen, sie lassen sich aber ganz leicht und weniger kostspielig aus Knollen ziehen, die man im Spätfrühling pflanzt. Dabei profitiert man auch von einer wesentlich größeren Auswahl an interessanten Sorten.

Pflanze Sie jede Knolle im zeitigen Frühling 15 cm tief in einen Topf mit Allzweck-Kübelpflanzenerde. Beim Pflanzen einmal wässern, dann den Topf auf eine warme sonnige Fensterbank stellen. Wenn die ersten Triebspitzen erscheinen, regelmäßig gießen, wobei die Erde nur feucht sein soll. Im Spätfrühling, wenn jegliche Frostgefahr vorüber ist, nach draußen pflanzen.

Alternativ kann man die Knolle im Frühsommer auch direkt ins Freiland pflanzen, dann blühen sie etwas später.

Dahlie 'Twynings After Eight' (*Dahlia*)

Dahlie 'Waltzing Mathilda' (*Dahlia*) mit Karthäuser-Nelke (*Dianthus carthusianorum*)

Wissenschaftlicher Name	*Gladiolus papilio*
Volkstümlicher Name	**Schmetterlings-Gladiole**
★	Knolle
Pflanzung	Spätfrühling bis Frühsommer
Blüte	Mitt- bis Spätsommer

Höhe - 75 cm
Abstand - 1 Stück/m^2
Boden - gut durchlässig, sandig
Lage - sonnig

In der Kombination von kräftigen Farben und einfacher Silhouette sind die Schmetterlings-Gladiolen unerreicht in ihrer Eleganz. Anders als traditionelle Gladiolen, die auf einen möglichst dichten Blütenbesatz gezüchtet wurden, sitzen die Blüten dieser Art mit Abstand auf leicht gebogenen Stängeln und sind einfacher. Die zartvioletten Blütenblätter haben an der Spitze einen Gelbschimmer, sind innen kräftiger gelb mit pflaumenfarbenem Fleck. Die flachen, aufrechten Blätter sorgen dafür, dass diese Gladiolen leicht mit anderen Pflanzen kombinierbar sind. Sie passen beispielsweise gut zu *Tulbaghia violacea* (Knoblauchs-Kaplilie) mit rosafarbenen Blüten. Sie sehen auch gut aus zwischen niedrigen Gräsern wie *Melica altissim*a 'Alba' (Hohes Perlgras), wenn sich ihre Blüten im Raum über dem Gras öffnen.

Auch wenn sich die Blüten nicht weit öffnen, sind sie ein Magnet für Bienen und andere im Sommer fliegende Bestäuber.

Pflanzen Sie die Knollen im späten Frühling 15 cm tief in Töpfe. Diese Pflanze verträgt keinen Frost.

Passt gut zu

Hohes Perlgras 'Alba' (*Melica altissima*)
Knoblauchs-Kaplilie (*Tulbaghia violacea*)

Wissenschaftlicher Name	*Narcissus*
Volkstümlicher Name	**Narzisse, Osterglocke**
★	Zwiebel
Pflanzung	Herbst
Blüte	Anfang bis Mitte Frühling

Höhe - 30 cm
Abstand - 10 bis 15 Stück/m²
Boden - jeder
Lage - sonnig oder halbschattig

Das Erscheinen der Narzissen ist ein sicheres Zeichen dafür, dass der Frühling kommt. Neben den bekannten gelben Blüten gibt es viele weitere Narzissen in unterschiedlichen Größen, Höhen und Blütenfarben. Es lohnt sich auch, die Blätter der Narzissen zu beachten. Die Verwendung von Sorten mit schmalerem Blatt bedeutet, dass sich ihr Blattwerk nach der Blüte leichter zwischen dem Laub später blühender Arten verliert.

Ein Favorit ist die Dichter-Narzisse *Narcissus poeticus* var. *recurvus* mit weißer Hauptkrone und orangegelber Nebenkrone mit dunkel orangefarbenem Rand.

Im Garten setzt man Narzissen im Herbst 15 cm tief als Gruppe mit unregelmäßigen Abständen in die Erde. Für einen Topf gilt die Faustregel, dass die Anzahl der Zwiebeln identisch mit dem Durchmesser des Topfs in Zentimetern sein sollte. Also 20 Zwiebeln für einen Topf von 20 cm Durchmesser. Nach der Blüte knipsen Sie mit den Fingern die Samen ab, damit die Energie zurück in die Zwiebel geht und die Kraft für das kommende Jahr wieder gesammelt wird.

Passt gut zu

Tulpe 'Ballerina' (*Tulipa*)
Tulpe 'Estrella Rijnveld' (*Tulipa*))

Narzisse 'Thalia' (*Narcissus*) ist die beste und wahrscheinlich auch schönste der weißen Narzissen und sie gedeiht auch prima im Kübel. Wenn man eine Handvoll Zwiebeln zusammen mit der Mandelblättrigen Wolfsmilch 'Purpurea' (*Euphorbia amygdaloides*) in einen Kasten für die Fensterbank oder eine Schale für den Tisch setzt, gibt es eine frühlingshafte Farbexplosion.

Wissenschaftlicher Name	*Tulipa*
Volkstümlicher Name	**Tulpe**
★	Zwiebel
Pflanzung	Mitt- bis Spätherbst
Blüte	Mitt- bis Spätfrühling

Höhe - 40 cm
Abstand - 10 bis 15 Stück/m²
Boden - jeder
Lage - jede

Tulpen sind in einem riesigen und wundervollen Spektrum von Farben erhältlich, von warmen und satten Farben über grelle und helle bis hin zu dezenten und blassen. Es gibt viele Farbnuancen, weshalb sich Tulpen gut für geschickte Pflanzenkombinationen eignen. Außerdem blühen sie früh in der Saison, wenn es noch kaum andere Farben für einen Wettstreit gibt.

Bei kleinen Flächen sollte man die Tulpenpalette auf drei bis fünf verschiedene Farben beschränken, die miteinander harmonieren oder kontrastieren. Bei größeren Flächen sucht man sich einfach die persönlichen Lieblingsfarben aus.

Unkompliziert und zuverlässig, gehören Tulpen zu den am besten geeigneten Kandidaten für Topfkultur. Ein Kübel mit einer einzigen Sorte wirkt gut. Alternativ kann man zwei Sorten gleicher Farbe auswählen und bis maximal drei weitere hellere oder dunklere Schattierungen für Tiefe und Subtilität hinzusetzen.

Passt gut zu

Kardy (*Cynara cardunculus*)
Einjähriges Silberblatt 'Corfu Blue' (*Lunaria annua*)
Dichter-Narzisse (*Narcissus poeticus* var. *recurvus*)

Links: Die in Kübeln verwendeten Zwiebeln kann man alljährlich tauschen, was Raum für kreative Arrangements gibt.

Unten: Viridiflora-Tulpen sind gut an den grünen Streifen erkennbar, die mittig über jedes Blütenblatt laufen. Tulpe 'Spring Green' (*Tulipa*) ist eine zuverlässige mehrjährige Sorte mit weißen Blütenblättern und grünen Streifen. Die Blüten sind schlank und spitz.

Ein nachhaltigerer Ansatz ist die Verwendung von wirklich mehrjährigen Tulpensorten und sie einmal zu pflanzen, damit sie jedes Jahr wieder kommen.

Botanisch werden Tulpen in 15 Gruppen kategorisiert und mehrjährige Tulpen werden den Gruppen der Viridiflora-, Triumph- und Papageien-Tulpen zugerechnet. Darunter fallen auch Tulpen auf Artebene wie *Tulipa sylvestris* (Wilde Tulpe). Bei den Viridiflora-Tulpen wie *T.* 'Spring Green' wird gegenwärtig angenommen, dass das Grün in den Blütenblättern, Stängeln und Blättern der Pflanze eine größere Energieausbeute durch Photosynthese erlaubt, um die neue, junge Zwiebel anzureichern.

Pflanzen Sie die Tulpenzwiebeln im Herbst 15 cm tief in Gruppen oder Clustern von 10 bis 15 Individuen in unregelmäßigem Abstand und mit dem üblichen Ausreißer, um das Verteilungsmuster der Natur nachzuahmen. Lassen Sie gleiche Farben beieinander, anstatt zu mischen. Tulpen wirken gut zwischen dem aufkeimenden Grün sommerblühender Stauden, wo ihre Blätter nach der Blüte unsichtbar werden. Nach der Blüte sollten Sie mit den Fingern die Kapselfrüchte abknipsen, damit die Energie wieder in die Zwiebel unter der Erde fließt.

In einem Kübel setzen Sie die Zwiebeln mit daumenbreitem Abstand 15 cm tief in Allzweck-Kübelpflanzenerde. Eine Handvoll Gartengranulat unter jeder Zwiebel ist hilfreich, um in den neuerdings so milden, nassen Wintern für bessere Dränage zu sorgen und zu vermeiden, dass die Zwiebeln staunass stehen und faulen. Bedecken Sie die Zwiebeln sorgfältig mit Erde und wässern Sie regelmäßig, sobald die ersten Triebspitzen zu sehen sind.

Die orangefarbene Blüte von Tulpe'Artist' (*Tulipa,* Viridiflora-Gruppe) hat eher mattgrüne als leuchtende Streifen, was dieser prächtigen Tulpe Grazie und Stil verleiht.

Zweifarbige Tulpen wie die mehrjährige Tulpe 'Slawa' (*Tulipa,* Triumph-Gruppe) haben faszinierende Schattierungen und werden sehr häufig in Farbgestaltungen eingesetzt.

Die lebendigen Blüten von Tulpe 'Raspberry Ripple' (*Tulipa,* Triumph-Gruppe) sind weiß und haben malerische Flecken in dunklem Purpurrot. Sie sind wunderbar als Schnittblume.

Das folgende praktische Nachschlagewerk für jede Farbe wird Ihnen helfen, Ihre ideale Farbpalette zusammenzustellen.

Farbindex als Planungshilfe

Rot

Zu Rot gehören Brillantrot und Scharlach, Karmesinrot, Radicchio, Himbeere, Erdbeere, Rosé, Rouge, Karminrot und phönizisches Rot. In seinem Buch *Chroma: A Book of Colour* schrieb der verstorbene Filmemacher Derek Jarman, dass „keine Farbe so territorial ist wie Rot“. Es ist eine Farbe, die am besten wirkt, wenn sie sparsam eingesetzt wird: als einzelner Farbtupfer eines scharlachroten Mohns oder als Wolke aus den tiefroten Blüten von *Sanguisorba officinalis* ‘Arnhem’ (Großer Wiesenknopf).

Rot passt wunderbar zu anderen kräftigen Farben, wie z. B. zu purpurroten *Salvia*-Sorten, es bildet aber auch eine schöne Kombination mit dunklen Farben, wie den dunkelbraunen Zentren der *Dahlia* ‘Bishop's Children’ oder den schwarzen Flecken auf den Blütenblättern von *Papaver commutatum* ‘Ladybird’ (Marienkäfer-Mohn), und es sorgt für eine Erdung zwischen scharfen, beißenden Farbtönen.

Dahlie ‘Bishop of Llandaff’ (*Dahlia*)

Marienkäfer-Mohn ‘Ladybird’ (*Papaver commutatum*)

Großer Wiesenknopf ‘Arnhem’ (*Sanguisorba officinalis*)

Rot kann gut alle Aufmerksamkeit auf sich lenken, und das macht es zu einer ausgezeichneten Wahl für die Verwendung in Töpfen, insbesondere in kleinen Außenbereichen, die man komplett einsieht. Rot hilft, den Blick im Garten zu halten.

Tulpe 'Jan Reus' (*Tulipa*)

Tee-Rose 'Mutabilis' (*Rosa × odorata*) und Tulpe 'Gavota' (*Tulipa*)

Große Sterndolde 'Rubra' (*Astrantia major*)

Rosa

Rosa ist eine recht flache Farbe, die die Anwesenheit anderer Farben braucht, um sie hervorzuheben. Am dunkelsten Ende des Spektrums steht die sattpurpurne *Salvia* 'Nachtvlinder' (Salbei). Sie kann mit einem gestreiften pflaumenrosa *Allium* oder den zartrosa Dolden einer *Tulbaghia violacea* (Knoblauchs-Kaplilie) gepflanzt werden, um deren Vitalität zu betonen und sie zum Leben zu erwecken. Frisches Rosa passt hervorragend zu grellem Grün und Gelb – wie bei den Blüten und Blättern von *Papaver dubium* subsp. *lecoqii* 'Albiflorum' (Lecoques

Merck-Dahlie (*Dahlia merckii*)

Knoblauchs-Kaplilie (*Tulbaghia violacea*)

Lecoques Mohn 'Albiflorum' (*Papaver dubium* subsp. *lecoqii*).

Mohn). Für einen Knalleffekt in einer Pflanzengruppe, der es sonst an Lebendigkeit mangelt, ist das kräftige Rosa von *Dianthus carthusianorum* (Kartäuser-Nelke) kaum zu übertreffen.

Sizilianischer Honiglauch (*Allium (Nectaroscordum) siculum*)

Karthäuser-Nelke (*Dianthus carthusianorum*)

Salbei 'Nachtvlinder' (*Salvia*)

Gelb

Von Vanille und Butter über Schwefel und Senf – bei Gelb spalten sich die Meinungen mehr als bei jeder anderen Farbe.

Es lässt sich gut mit Silber kombinieren, wie man an den gelben Blüten und dem metallischen Laub von Königskerzen oder der silbernen Cremigkeit von *Eschscholzia californica* 'Ivory Castle' (Kalifornischer Kappenmohn) sehen kann. Gelb lässt sich auch wunderbar mit Grün kombinieren – zum Beispiel mit *Tulipa* 'Spring Green' – und zusammen bilden diese Farbtöne einen erfrischenden und vielseitigen Hintergrund für eine Vielzahl von Farben.

Am lebhafteren Ende des gelben Spektrums ist seine beruhigende Wirkung nützlich, um Gelb mit ausgefallenen Farben wie Pflaume, Toffee und kupferfarbenem Bitterorange zu kombinieren.

Seidenhaar-Königskerze (*Verbascum bombyciferum*)

Dahlie 'Twynings After Eight' (*Dahlia*)

Steppen-Wolfsmilch (*Euphorbia seguieriana* subsp. *niciciana*)

Wilde Tulpe
(*Tulipa sylvestris*)

Tulpe 'Spring Green'
(*Tulipa*)

Wulfens Wolfsmilch (*Euphorbia characias* subsp. *wulfenii*)

Nelkenwurz 'Lemon Drops' (*Geum*)

Ausgefallene Farben

Gedämpfte Farben wie Altrosa, Rauchviolett, gebranntes Orange, Toffee und Milch liegen derzeit im Trend und bieten eine reichhaltige Farbpalette. Sie lassen sich mit fast allen Farben kombinieren, auch mit allen Grüntönen. Ihre Vielseitigkeit ergibt sich aus ihrer Vielfalt an nuancierten Farbtönen, die sich nahtlos mit den meisten Farben mischen lassen.

Schmetterlings-Gladiole (*Gladiolus papilio*)

Kleinblütiger Fingerhut (*Digitalis parviflora*)

Färberhülse ‘Dutch Chocolate’ (*Baptisia*)

Königskerze ‘Petra’ (*Verbascum*)

Weiß

Weiß ist aufgrund seiner lichtreflektierenden Eigenschaften und seiner Fähigkeit, andere Farben hervorzuheben, unverzichtbar. Die winzigen weißen Blüten und die glänzenden Samen von *Melica altissima* 'Alba' (Hohes Perlgras) sind wegen ihrer Fähigkeit, das Licht zu reflektieren und zu verstärken, sehr wertvoll, was sie zu einer beliebten Pflanze für Gartengestalter macht.

Weiß ist frisch und spritzig, mit einem Hauch von Neuem. Kalte Weißtöne passen gut zu Lindgrün und Silber, während warme Weißtöne besser zu wärmeren Grüntönen passen.

Dichter-Narzisse
(*Narcissus poeticus* var. *recurvus*)

Hohes Perlgras 'Alba'
(*Melica altissima*)

Strahlen-Breitsame
(*Orlaya grandiflora*)

Viele weiße Blumen gedeihen im Schatten und ihre lichtreflektierenden Eigenschaften sind von unschätzbarem Wert, wenn es darum geht, dunkle Räume aufzuhellen und zu verwandeln.

Herbstaster 'Oktoberlicht' (*Symphyotrichum*)

Silberne Ölweide 'Qicksilver' (*Elaeagnus*) und Berg-Waldrebe (*Clematis montana*)

Zierlauch 'Everest' (*Allium stipitatum*)

Blau

Die Palette der Blautöne reicht von Himmelblau bis Kobaltblau und umfasst Farbtöne wie modernes Blau, Ultramarin, Entenei und Flieder. In der Natur hat Blau oft eine grüne oder blaugrüne Tönung, wie bei den Blättern der *Cerinthe major* 'Purpurascens' (Große Wachsblume), deren Farbe in der Sommerhitze von Grün zu Blau wechselt. Am blassen Ende des Spektrums erscheint Blau leuchtend und schwebend in der Dämmerung am Anfang und Ende des Tages, ähnlich wie Weiß. Ein besonders bemerkenswerter Farbton ist das „Bienenblau", ein violettblauer Farbton, der für Bienen und andere Bestäuber, die vom ultravioletten Licht angezogen werden, sehr attraktiv ist.

Einjähriges Silberblatt 'Corfu Blue' (*Lunaria annua*)

Herbstaster 'Little Carlow' (*Symphyotrichum*)

Mexikanischer Salbei 'Dot's Delight' (*Salvia patens*)

Rosmarin (Salvia *rosmarinus*)

Mexikanischer Salbei
(*Salvia patens*)

Salbei 'Phyllis Fancy'
(*Salvia*)

Die Entscheidung, ob Sie Ihre Pflanzen aus Samen ziehen oder kaufen, ist ein wichtiger Teil des kreativen Prozesses beim Anlegen eines Gartens.

Grundbegriffe des Pflanzens

Werkzeuge

Kelle

Eine kleine scharfe Kelle ist nützlich für einfache Pflanzarbeiten, z. B. zum Einsetzen von Blumenzwiebeln und zum Pflanzen in kleine Töpfe. Sie dient auch als Schaufel zum Mischen von Erde und Gartenbausand und zum Schaufeln von Erde in Gefäße aller Größen.

Gießkanne

Wählen Sie eine große Gießkanne und eine mit einer abnehmbaren Brause. Mit der abnehmbaren Brause können Sie nicht nur in der Erde wachsende Pflanzen gießen, sondern auch frisch gesäte Samen und frisch gekeimte Setzlinge, die einen viel sanfteren Wasserstrahl benötigen.

Hori hori (japanisches Pflanzmesser)

Dieses vielseitige Handwerkszeug ist mit einem Lineal versehen und hat eine zweischneidige Klinge zum Graben, Pflanzen und Aushacken von Unkrautpflanzen. Es ist sehr nützlich an kleinen oder unzugänglichen Stellen sowie bei Böden, die Bauschutt oder Steine enthalten.

Spaten

Spaten gibt es in verschiedenen Gewichten und Größen. Ein stabiler Spaten, der langlebig ist und sich gut anfühlt, wenn man ihn benutzt, ist unerlässlich für das Einsetzen von Pflanzen, die in größeren Behältern ankommen, und für das Ausheben neuer Beete.

Pflanzenetiketten und Bleistift

Pflanzenetiketten aus Holz sind preiswert und zu 100 % recycelbar. Auf Holzetiketten bleibt die Bleistiftschrift an Ort und Stelle, was bei Kunststoffetiketten nicht der Fall ist, und die Schrift ist außerdem gut lesbar. Sie können Holzetiketten immer wieder verwenden, radieren und neu beschriften sowie die Vorder- und Rückseite verwenden.

Pflanztöpfe

Die Kunststofftöpfe, die mit neuen Pflanzen geliefert werden, sind eine wertvolle, wiederverwendbare Ressource für Ihre eigene Aussaat und Anzucht. Wenn Sie neue Töpfe kaufen, wählen Sie immer Töpfe aus wiederverwertbaren Materialien wie Ton oder Kokosfasern und verwenden Sie sie immer wieder. Terrakotta-Töpfe werden aus Ton hergestellt und sind wiederverwertbar, wenn sie zerbrechen. Schwarze Kunststofftöpfe können nicht recycelt werden, aber graue und taupefarbene Töpfe aus Polypropylen schon.

Anzuchtschalen

Eine Saatschale aus fair gehandeltem Naturkautschuk ist unverzichtbar für die Aussaat und Anzucht von Pflanzen. Sie ist dick und biegsam, die Pflanzen lassen sich leicht herausnehmen und sie hält jahrelang. Ich mag Schalen mit Zellen von 3 × 3 × 4 cm.

Saatgut oder Pflanzen?

Bei der Beschaffung der benötigten Pflanzen haben Sie zwei Möglichkeiten: Sie können sie aus Samen ziehen oder sie als Jungpflanzen in Töpfen kaufen.

Anzucht aus Samen

- Die Aussaat macht Spaß, denn es ist schön zu sehen, wie aus etwas, das wie Staub aussah, ein grüner Flaum entsteht. Die Pflege von Pflanzen von Anfang an ist auch ein sicherer Weg, Ihr Wissen über das Wachstum von Pflanzen zu erweitern.
- Im Vergleich zu den Kosten für den Kauf von Pflanzen ist die Anzucht aus Samen sehr erschwinglich. Sie bietet die größtmögliche Auswahl an Sorten und eine viel differenziertere Farbpalette. Dies gilt insbesondere für einjährige Pflanzen. Sie keimen leicht und wachsen schnell, so dass es sich fast nie lohnt, sie als Pflanzen zu kaufen.
- Der Anbau von Pflanzen aus Saatgut ist außerdem sehr umweltfreundlich, vor allem, wenn man bereits vorhandene Saatschalen oder Töpfe wiederverwendet oder umfunktioniert. Pflanzen aus der Gärtnerei oder dem Gartencenter werden in der Regel in Töpfen geliefert und oft in Erde mit Torf gezüchtet.
- Der Platz, der Ihnen zur Verfügung steht, ist jedoch ein wichtiger Faktor. Für die Anzucht aus Samen werden nicht nur Saatschalen, Töpfe, Granulat und Erde benötigt, sondern Sie brauchen auch einen Ort, an dem Sie diese Dinge aufbewahren können. Noch wichtiger ist vielleicht der Platz, der für die frisch gekeimten Setzlinge benötigt wird. Sie müssen geschützt werden, da sie der Witterung und Schädlingen schutzlos ausgeliefert sind, bis sie größer sind. Stellen Sie die Setzlinge auf einer sonnigen Fensterbank oder in einem überdachten Bereich im Freien auf, wo viel Licht einstrahlt.

Kauf von Pflanzen

- Bei einem Besuch in einer Baumschule, einem Gartenzentrum oder einem Gartenmarkt können Sie die Pflanzen, die Sie kaufen möchten, betrachten und in einem Wagen zusammenstellen, um zu beurteilen, wie sie zusammen aussehen, bevor Sie entscheiden, wie gut ein Plan funktionieren wird. Dies ist in der Anfangsphase der Zusammenstellung von Pflanzen von unschätzbarem Wert und wird unweigerlich weitere Ideen für mögliche Pflanzenkombinationen hervorbringen.
- Während bei der Aussaat von Samen das Timing entscheidend ist, haben Pflanzen eine relativ lange Haltbarkeit, so dass der Kauf von Pflanzen in Töpfen eine gute Alternative ist, wenn Sie das Aussaatfenster verpasst haben.
- Die meisten Stauden müssen 2 oder 3 Jahre lang wachsen, bevor sie groß genug sind, um zu blühen. Der Kauf einer Jungpflanze überspringt diese Phase. Sie kann direkt in den Garten gesetzt werden.
- Es kann schwierig sein, die Anzahl der Pflanzen zu begrenzen, wenn man zu Beginn des Frühjahrs eifrig sät. Es ist effizienter, genau die Anzahl an Pflanzen zu kaufen, die man braucht.

Pflanzenkauf

Eine neue Bepflanzung kann anfangs etwas lückenhaft aussehen, und so ist die Versuchung groß, viele Pflanzen hineinzupacken. Man muss aber unbedingt die spätere Breite und Höhe der Pflanzen im Auge behalten. Zeitgenössische Designer wiederholen oft dieselben Pflanzen in einem Raum. Das vereinfacht die Gestaltung und fördert das Gefühl des Zusammenhalts, so dass das Gesamtbild einheitlich ist.

Um herauszufinden, wie viele Pflanzen Sie benötigen, nehmen Sie ein langes Maßband zur Hand, um die Länge und Breite Ihres Beetes zu messen, und berechnen Sie die Größe Ihrer Pflanzfläche in Quadratmetern. Dann können Sie die Anzahl der Pflanzen berechnen, die Sie benötigen, um die Fläche zu füllen. Als Richtwert gilt 3 bis 5 Pflanzen pro Quadratmeter.

Beschaffung von Pflanzen, Zwiebeln, Knollen und Samen

Der persönliche Kauf von Pflanzen im örtlichen Gartencenter, Baumarkt oder Blumenmarkt ist eine gute Möglichkeit, wenn Sie Ihren Garten genau dann bepflanzen möchten, wenn Sie ein paar Stunden Zeit haben. Dies hat den zusätzlichen Vorteil, dass Sie die Pflanzen, die Sie kaufen wollen sehen, prüfen und vielleicht sogar Ihre Auswahl verfeinern können.

Pflanzen werden gewöhnlich in Verpackungen geliefert, die sich leicht recyceln lassen. Man muss sie auch nicht sofort auspflanzen, sollte sie aber schnellstens aus der Transportverpackung nehmen und die Pflanzenerde gut wässern. Stellen Sie die Töpfe draußen geschützt auf und sorgen Sie dafür, dass die Erde feucht bleibt.

Der Nachteil, wenn Sie mit einer Liste und einem Einkaufskorb losziehen, ist ein möglicherweise begrenztes Angebot an Pflanzen. Dies kann frustrierend sein, wenn Sie nach bestimmten Pflanzen suchen. Gartencenter bieten in der Regel nur Pflanzen an, wenn sie auf dem Höhepunkt ihrer Blütezeit sind, was nicht unbedingt der Zeitpunkt sein dürfte, an dem Sie sie für die eigene Gartenplanung kaufen möchten.

Wenn Sie selbst einkaufen, achten Sie auf Pflanzen mit kräftigen, gesunden, grünen Blättern, die in Töpfen mit leicht angefeuchteter Erde wachsen. Kaufen Sie immer die kleinstmögliche Größe, denn eine kleine Pflanze in einem kleinen Topf ist preiswerter und, was noch wichtiger ist, sie gewöhnt sich schneller an ihren neuen Standort und spart Ihnen in der Anfangsphase Zeit und Mühe beim Gießen.

Bevor Sie Ihre Pflanzen kaufen, sollten Sie jede einzelne aus dem Topf nehmen und die Wurzeln untersuchen. Denn was im Inneren des Topfes geschieht, ist viel wichtiger als das, was darüber geschieht. Einige im Kreis gewachsene Wurzeln im Inneren des Topfes und einige neue, junge Wurzeln, die aus den Löchern im Boden ragen, sind ein gutes Zeichen. Die Wurzeln der Pflanze sollten den Topf jedoch nicht vollständig ausfüllen, so dass nur wenig Erde sichtbar ist. Gleichzeitig sollte die Erde nicht vollständig abfallen, wenn Sie die Pflanze aus dem Topf nehmen, da dies ein Zeichen dafür ist, dass die Pflanze gerade erst umgetopft wurde.

Viele Gärtnereien bieten eine Online-Bestellung und den Postversanddienst an. Sie können davon ausgehen, dass Sie eine gesunde, gut verpackte Pflanze erhalten, die zur richtigen Jahreszeit verschickt wird, um sie in Ihren Garten zu pflanzen. Das Online-Bestellverfahren ist schnell und einfach, Sie können genau nach der gewünschten Pflanze suchen und es ist eine Freude, den sicher zu Ihnen ins Haus gelieferten Karton mit Pflanzen zu öffnen und auszupacken.

Wie Pflanzen sind auch eine Reihe von Samen und Zwiebeln in Gartencentern und großen Baumärkten erhältlich. Bei den Online-Anbietern von Saatgut und Blumenzwiebeln finden Sie jedoch eine viel größere Auswahl an Sorten. In Deutschland fällt die Hochsaison für die Bestellung von Saatgut in das zeitige Frühjahr, während frühlingsblühende Knollen und Zwiebeln wie Narzissen und Tulpen im Spätsommer und Frühherbst erhältlich sind.

Wissenschaftliche und volkstümliche Namen

Viele Pflanzen haben denselben gemeinsamen Trivialnamen (volkstümlichen Namen), aber der wissenschaftliche (botanische) Name ist für jede Pflanze einzigartig. Der botanische Name einer Pflanze setzt sich in der Regel aus zwei oder drei Wörtern zusammen.

Der erste ist der Gattungsname, der vielen Pflanzen mit gleichen Merkmalen gemeinsam ist – er wird in Latein geschrieben und kursiv gesetzt. Die Gattung *Tulipa* wird z. B. zur Beschreibung aller Tulpen verwendet, so dass der botanische Name jeder Tulpe mit dem Wort „Tulipa" beginnt.

Das zweite Wort im botanischen Namen, wenn es eines gibt, ist der Artname. Dieser beschreibt eine definierte Untereinheit innerhalb der Gattung und ist ebenfalls kursiv gedruckt. Ein Beispiel wäre *Cynara cardunculus*.

Der dritte Name, der in lateinischer Schrift in Hochkommata steht, ist der Sortenname (oder Kultivarname). Ein Sortenname bezeichnet eine Pflanze, die von jemandem als etwas Besonderes ausgewählt und für den Verkauf gezüchtet wurde, z. B. *Tulipa* 'Spring Green'. Dieser Name wurde vom Züchter der Pflanze gewählt und enthält oft Informationen darüber, was sie besonders macht, eventuell ihre Farbe oder wo sie ursprünglich gezüchtet wurde, z. B. *Nepeta racemosa* 'Walker's Low'.

Die Verwendung des botanischen Namens einer Pflanze ist die einzige Möglichkeit, um sicher zu sein, dass die Pflanze, auf die Sie sich beziehen oder nach der Sie suchen, auch die richtige ist.

Einige Pflanzen tragen hinter Namen die Buchstaben AGM (Award of Garden Merit, wörtlich „Preis für Gartennutzen"), die Sie auf dem Pflanzenetikett oder bei der Online-Suche sehen. Das bedeutet, dass die Pflanze von der Royal Horticultural Society (RHS) im Vereinigten Königreich geprüft und für die beste ihrer Art befunden wurde. Pflanzen, denen der AGM-Status zuerkannt wurde, wurden anhand von Kriterien wie Verfügbarkeit, Langlebigkeit und Widerstandsfähigkeit gegen Schädlinge als „hervorragend für den Garten geeignet" eingestuft.

Dunkle, sattpurpurne Salbei 'Nachtvlinder' (*Salvia*) und S. 'Dyson's Joy' in zwei Rosatönen.

Wie man Pflanzen aus Samen zieht

Eine flache, ebene Oberfläche ist für die Aussaat, das Pikieren und das Eintopfen von Jungpflanzen unerlässlich. Ich verwende eine selbst gebaute Pflanzschale, die ich aus einem Stück Sperrholz mit den Maßen 60 × 60 cm hergestellt habe, indem ich drei Holzbretter an drei Kanten befestigt habe, um die Erde an ihrem Platz zu halten. Ein unter der vorderen Kante befestigtes Holzstück verankert die Schale auf dem Tisch und verhindert das Verrutschen. Sie ist tragbar, leicht und lässt sich leicht verstauen, wenn die Aussaat für dieses Jahr beendet ist. Auf dem Küchentisch würde es ebenso gut funktionieren, aber da ich lieber wenig und oft säe, wenn es die Zeit erlaubt, erspart es mir das ständige Herausholen und Aufräumen der Geräte, da ich den Kasten stehen lassen kann.

Das Frühjahr ist die Hochsaison für die Aussaat. Die Anzucht von Pflanzen aus Samen ist sehr einfach: Man legt ein paar Samen in einen Topf mit Erde und wartet dann darauf, dass sie wachsen. Es ist die nachhaltigste Art des Gärtnerns, da sie im Vergleich zu den Kosten für den Transport einer Pflanze weniger Kraftstoff, weniger Erde und Wasser und weniger neue Plastiktöpfe verbraucht.

1

Verwenden Sie eine körnige torffreie Erde – eine gute Dränage regt die aufkeimenden Sämlinge dazu an, auf der Suche nach Feuchtigkeit kräftig zu wurzeln, was ihnen im späteren Leben zugutekommt. Torffreie Anzuchterde enthält oft Rindenstücke oder Farnkraut, daher sollten Sie alle großen Klumpen entfernen.

2

Füllen Sie eine Saatschale mit Anzuchterde, wobei Sie oben in jeder Zelle noch Abstand für die Bewässerung lassen. Klopfen Sie die Schale auf eine ebene Fläche, damit sich die Erde setzt und Luftblasen verschwinden. Das verhindert auch, dass die Erde beim ersten Gießen zu stark zusammensinkt, und es entsteht eine ebene Fläche für die Aussaat.

3

Gießen Sie die Saatschale gründlich und lassen Sie das Wasser durch die Erde sickern.

COMPOST for SEEDS

4

Große Samen sät man zu je zwei Stück, um den schwächsten Keimling zu entfernen, wenn beide keimen. Säen Sie kleine Samen prisenweise aus, nicht mehr als vier oder fünf Samen pro Zelle.

5

Legen Sie große Samen auf die Erdoberfläche und drücken Sie sie mit dem Finger 2,5 cm tief ein, so dass die Erde sie bedeckt. Säen Sie kleinere Samen auf die Erdoberfläche.

6

Beschriften Sie die Anzuchtschale. Sobald die Sämlinge ihre ersten echten Blätter (nicht die Keimblätter) entwickelt haben, pikieren Sie sie und setzen sie in einzelne Töpfe um.

7

Mit einem Bleistift heben Sie einen Keimling vorsichtig heraus. Halten Sie ihn dabei an einem Blatt fest und stützen Sie das Gewicht seiner Wurzeln, um den zarten, eventuell knickenden Stängel nicht zu beschädigen.

8

Pflanzen Sie den Setzling in einen vorbereiteten Topf mit Erde in derselben Tiefe wie in der Saatschale. Drücken Sie die Erde mit den Fingern um die Pflanze an und gießen Sie sie vorsichtig mit der Brause.

9

Ziehen Sie die Pflanze an einer gut beleuchteten Stelle auf, was in diesem Stadium sehr wichtig ist. Bringen Sie die Pflanze nach draußen, wenn die Wurzeln unten aus dem Topf herauswachsen und das Spitzenwachstum zu sehen ist.

Wie man Pflanzen arrangiert

Die Anordnung der Pflanzen ist ein wesentlicher Bestandteil jeder Gestaltung. Ziel ist es, die Pflanzen so zu platzieren, dass sie den Boden am Ende vollständig bedecken und keine blanke Erde dazwischen zu sehen ist, während jede Pflanze ihren Raum hat. Pflanzen bleiben nur gesund sowie gegen Schädlinge und Krankheiten resistent, wenn sie Platz zum Wachsen und kaum Konkurrenz haben.

Lassen Sie die Pflanzen zunächst in ihren Töpfen und überlegen Sie sich zuerst, wo sie stehen sollen. Wählen Sie eine Pflanze aus und stellen Sie eine Komposition um sie herum zusammen, wobei Sie auf ein Gleichgewicht der Höhen und Formen achten sollten. Hohe Pflanzen wie Wiesenraute und Arznei-Ehrenpreis sind nützlich, um einen Rhythmus zu schaffen, da das Auge von einer Pflanze zur anderen springt. Pflanzen, deren Blüten zu schweben scheinen, wie *Orlaya grandiflora* (Strahlen-Breitsame), müssen ebenfalls sorgfältig platziert werden, da der leere Raum um sie herum ebenso wichtig ist wie der Raum, den sie einnehmen. Verwenden Sie niedrig wachsende Pflanzen wie Thymian, um Luft zwischen höheren Pflanzen zu halten, damit das Licht hindurchfallen kann, stellenweise fast bis zum Boden. Wenn Sie die Pflanzen aufgestellt haben, gehen Sie weg und kommen Sie später wieder, um den Entwurf aus einer neuen Perspektive zu betrachten und eventuelle Korrekturen vor dem Einpflanzen vorzunehmen.

Rosa ist das Leitmotiv in diesem Trio, das Lakritz, Pflaume, Rosa und Flieder umfasst. Das warme Rosa der Blütenblätter von *Papaver somniferum* (Schlaf-Mohn) wird von den zartvioletten Dolden von *Tulbaghia violacea* (Knoblauchs-Kaplilie) gut ergänzt und wiederholt sich in einem dunkleren Ton im rubinroten Laub von *Atriplex hortensis* var. *rubra* (Garten-Melde). Das wuchtige Laub des Mohns verleiht zudem hellen und ätherischen Farbtönen zusätzliches Gewicht.

Wie man pflanzt

Kleine Pflanzen in kleinen Töpfen sind die erste Wahl für den nachhaltigen Gärtner. Vermeiden Sie es, an sehr nassen oder frostigen Tagen zu pflanzen, da die Pflanze dann leicht Schaden nimmt. Die beste Zeit zum Pflanzen ist dann, wenn Regen vorhergesagt wird. Alle Pflanzen in Töpfen können auf die gleiche Weise gepflanzt werden.
Beginnen Sie mit Stauden. Als Nächstes pflanzen Sie einjährige und zweijährige Pflanzen dazwischen und zum Schluss kommen die Blumenzwiebeln als letzte Schicht.

1

Weichen Sie die neue Pflanze in ihrem Anzuchttopf mit einer Gießkanne ein und lassen Sie sie einige Minuten stehen.

2

Graben Sie mit einer Kelle ein Loch für die Pflanze, das etwas tiefer und breiter als der Topf ist.

3

Nehmen Sie die Pflanze aus dem Topf. Drücken Sie auf den Boden des Topfes, um sie zu lösen, wenn sie sich nicht leicht herausnehmen lässt. Lockern Sie mit den Fingerspitzen einige der Wurzeln, insbesondere wenn sie im Topf im Kreis gewachsen sind.

4

Pflanzen Sie Ihre neue Pflanze so tief ein, wie sie im Topf war, häufen Sie die Erde um sie herum an und drücken Sie sie vorsichtig mit den Händen fest. Drücken Sie die Erde nicht zu fest an, damit die Luft nicht herausgequetscht wird.

5

Gießen Sie die Erde um die Pflanze herum gründlich, damit sie sich um die Wurzeln herum setzt, wobei das Wasser auf den Boden und nicht auf das Laub gerichtet sein sollte. Gießen Sie weiter alle 1 bis 2 Tage, bis neue grüne Triebe erscheinen.

Wie man Zwiebeln pflanzt

Im Frühjahr blühende Blumenzwiebeln wie Zierlauch, Narzissen und Tulpen müssen im Herbst gepflanzt werden. Das liegt daran, dass die Zwiebeln von der Kälte profitieren, während sie unter der Erde sind. Zwiebelpflanzen, die im Sommer blühen, wie Gladiolen und Dahlien (beide mit Knollen), sollten im späten Frühjahr gepflanzt werden, nachdem die Frostgefahr vorüber ist. Anders als bei Jungpflanzen in kleinen Töpfen ist der Zeitpunkt der Pflanzung einer Zwiebel entscheidend für ihren Erfolg.

1

Pflanzen Sie die Zwiebeln so, dass die spitzen Enden nach oben zeigen. Stellen Sie sich die Zwiebeln in voller Blüte vor und achten Sie darauf, dass Sie gleichfarbige zusammen platzieren, so wie sie in der Natur vorkommen, anstatt die verschiedenen Farben zu mischen.

2

Verteilen Sie die Zwiebeln mit dem spitzen Ende nach oben auf der Erdoberfläche. Graben Sie dann mit einer Kelle ein Loch, das doppelt so tief ist wie die Höhe der Zwiebel, und setzen Sie sie hinein.

3

Bedecken Sie die Zwiebel mit Erde und drücken Sie sie vorsichtig fest.

Diese hübsche Pflanzung verwendet verschiedene Farben in einem gemeinsamen, hellen Farbton. Die purpurnen Blüten von *Allium hollandicum* 'Purple Sensation' (Holländischer Lauch) werden von den dunklen büschelartigen Blüten von *Molinia caerulea* subsp. *caerulea* 'Poul Petersen' (Blaues Pfeifengras) aufgegriffen. Zusammen mit *Geum* 'Totally Tangerine' (Nelkenwurz) und *Papaver dubium* subsp. *lecoqii* 'Albiflorum' (Lecoques Mohn) scheinen ihre Blüten zu schweben, so dass das Licht zwischen ihnen hindurchfällt und die Lebendigkeit ihrer Farben hervorhebt.

Jahresplaner für den Garten

Vorfrühling

März

Säen Sie die Samen von winterharten Einjährigen wie Mohn und Wachsblume im Haus aus.

Mitte Frühjahr

April

Pikieren Sie die Setzlinge von Einjährigen, pflanzen Sie sie in einzelne Töpfe und bringen Sie sie ins Freie.

Pflanzen Sie Dahlien- und Gladiolenknollen in Töpfe und schützen Sie sie im Haus vor Frost. Gießen Sie, sobald sich erste grüne Triebe zeigen.

Beginnen Sie mit der Pflanzung von Stauden wie *Geum* und *Hakonechloa* im Freiland.

Spätes Frühjahr

Mai

Setzen Sie die Bepflanzung mit Stauden im Freien fort.

Planen und bepflanzen Sie die Kübel.

Frühsommer

Juni

Säen Sie die Samen von Zweijährigen wie *Verbascum*.

Pflanzgefäße regelmäßig gießen und die Erde gründlich feucht halten.

Setzen Sie die Auspflanzung von Stauden im Freien fort. Bepflanzen Sie weiterhin Kübel, auch mit frostempfindlichen Pflanzen wie Dahlien.

Hochsommer

Juli

Gießen Sie die Pflanzgefäße regelmäßig – bei warmem Wetter sogar täglich.

Pflanzen Sie Stauden weiterhin ins Freiland.

Spätsommer	*Frühherbst*	*Mittherbst*	*Spätherbst*	*Spätwinter*
August	**September**	**Oktober**	**November**	**Februar**
Gießen Sie die Gefäße weiterhin regelmäßig. Entfernen Sie welke Blüten, um die weitere Blüte zu fördern. Pflanzen Sie weiterhin Stauden ins Freiland.	In diesem Monat können Sie auch die Samen von Einjährigen aussäen, damit sie im nächsten Jahr kräftiger werden und früher blühen. Pflanzen Sie weiterhin Stauden ins Freie. Setzen Sie zweijährige Pflanzen, die aus Samen gezogen wurden, ins Freie, damit sie im nächsten Frühjahr blühen.	Bestellen und pflanzen Sie frühlingsblühende Zwiebeln wie Narzissen und Tulpen. Pflanzen Sie Zwiebeln in Töpfe.	Bestellen Sie sommerblühende Zwiebeln, Rhizome und Knollen wie Gladiolen und Dahlien.	Kaufen Sie Samen oder bestellen Sie sie online.

		Januar	Februar	März	April	Mai	Juni	Juli	August	September	Oktober	November	Dezember
Achillea 'Terracotta'	S. 140						L	L	L				
Allium	S. 170					L	L/S	L/S	L/S	S			
Anemone 'Wild Swan' ('Macane001')	S. 141					L	L	L	L	L	L/S	L/S	S
Asplenium scolopendrium	S. 142	L	L	L	L	L	L	L	L	L	L	L	L
Astrantia major	S. 143					L	L	L	L				
Briza media	S. 144					L	L	L	L	S	S		
Catananche caerulea	S. 145						L	L	L	L			
Cerinthe major 'Purpurascens'	S. 132					L	L	L	L	L			
Cynara cardunculus	S. 146						L	L	L	L			
Dahlia	S. 172							L	L	L	L	L	
Dianthus carthusianorum	S. 147							L	L	L			
Digitalis parviflora	S. 148					L	L	L					
Dryopteris wallichiana	S. 142	L	L	L	L	L	L	L	L	L	L	L	L
Eschscholzia californica 'Ivory Castle'	S. 133						L	L	L				
Euphorbia seguieriana subsp. *niciciana*	S. 149					L	L	L	L	L			
Geranium Rozanne ('Gerwat')	S. 150					L	L	L	L	L	L		
Geum 'Lemon Drops'	S. 151					L	L	L					
Gladiolus papilio	S. 174							L	L				
Hakonechloa macra	S. 152			S/L	S/L	S/L	L/L	L/L	S/L	S/L	S/L	S/L	S/L
Linaria maroccana 'Licilia Violet'	S. 134						L	L	L	L	L		

Attraktive Jahreszeiten

		Januar	Februar	März	April	Mai	Juni	Juli	August	September	Oktober	November	Dezember
Melica altissima 'Alba'	S. 153				L	L	L						
Narcissus	S. 175			L	L								
Nepeta racemosa 'Walker's Low'	S. 154						L	L	L	L			
Orlaya grandiflora	S. 135					L	L	L	L				
Papaver (einjährige Mohnarten)	S. 136	S	S			L	L/S	L/S	L/S	S	S	S	S
Papaver (mehrjährige Mohnarten)	S. 155						L	L	L	S	S	S	S
Pulsatilla vulgaris	S. 156				L	L	S	S	S	S	S	S	
Rosa x odorata 'Mutabilis'	S. 157					L	L	L	L	L	L	L	
Salvia 'Nachtvlinder'	S. 158					L	L	L	L	L	L	L	
Salvia nemorosa 'Caradonna'	S. 159						L	L	L	L	L		
Salvia officinalis 'Purpurascens'	S. 160	L	L	L	L	L/L	L/L	L/L	L	L	L	L	L
Salvia rosmarinus	S. 161	L	L	L	L/L	L/L	L/L	L/L	L/L	L	L	L	L
Sanguisorba officinalis 'Arnhem'	S. 162						L	L	L				
Symphyotrichum 'Little Carlow'	S. 163								L	L	L		
Thalictrum 'Elin'	S. 164						L	L	L				
Thymus 'Fragrantissimus'	S. 165	L	L	L	L	L	L/L	L/L	L/L	L	L	L	L
Tulbaghia violacea	S. 166						L	L	L	L	L	L	
Tulipa	S. 176				L	L							
Verbascum bombyciferum 'Polarsommer'	S. 137					L	L	S	S	S	S	S	S
Verbena officinalis 'Bampton'	S. 167						L	L	L	L			

B = Blüte
L = Laub
S = Samen
Die Seitenzahlen hinter den Wissenschaftlichen Namen führen zu den Pflanzenporträts.

Bezugsquellen – eine Auswahl

Werkzeuge

Holz-Jaeger UG (haftungsbeschränkt)
www.werkzeug-garten.de

Raimund Biogartenbedarf
Dipl.-Kfm. (FH) Frank Schilter
raimund | Biogartenbedarf
c/o PROFIDOR Garden Equipment
www.biogartenbedarf.de

TheGardenShop
Intesion GmbH
www.thegardenshop.de

Dictum Gartenwerkzeuge
DICTUM GmbH – mehr als Werkzeug
www.dictum-gartenwerkzeug.de

Stauden

Staudenkulturen Stade
www.stauden-stade.de

Staudengärtnerei Gräfin von Zeppelin
www.graefin-von-zeppelin.de

Staudengärtnerei Dieter Gaißmayer
www.gaissmayer.de

Zwiebel- und Knollenpflanzen

Horst Gewiehs Blumenzwiebel-Großhandel
www.gewiehs-blumenzwiebeln.de

Albrecht Hoch, Gartenbau und Pflanzenzucht
www.albrechthoch.de

Bernd Schober Blumenzwiebelversand
www.der-blumenzwiebelversand.de

Albert Treppens Blumenzwiebeln, Saatgut, Düngemittel
www.treppens.de

Staudengärtnerei Dieter Gaißmayer
www.gaissmayer.de

Im Buch präsentierte Gartengestalter

Alice Ferguson Garden Design
Ein unabhängiges Designbüro mit Schwerpunkt auf gut durchdachten Pflanzentwürfen. Bristol, Großbritannien
alicefergusongardendesign.co.uk

Arthur Parkinson
Gartenautor, Fotograf und Illustrator von Hühnern. Bekannt für seine Liebe zu kräftigen Farben und Bienen. Nottingham, UK
@arthurparkinson

Artisan Landscapes
Ein preisgekröntes Garten- und Landschaftsplanungsbüro, das sich auf fachmännisch gestaltete Räume spezialisiert hat. Bristol, Großbritannien
artisanlandscapes.co.uk

Colin Stewart
Gärtner und Künstler. London, UK
@colindavidstewart

Conrad Batten
Batten entwirft zeitgemäße und nachhaltige Gartengestaltungen mit dem Schwerpunkt auf natürlicher Schönheit. Totnes, Großbritannien
www.ameld.co.uk/garden-landscape-design-devon

Ed O'Brien
Gartendesigner, spezialisiert auf naturnahe Gärten, die von Klima und Standort beeinflusst werden. Bristol, Großbritannien
edobrien.co.uk

Garden Club London
Londoner Designstudio, das sich auf zeitgenössische Entwürfe für städtische Räume einschließlich Dachgärten spezialisiert hat. London, UK
gardenclublondon.co.uk

Marc O'Neill
Pflanzberater und Designer, der Gärten im Vereinigten Königreich und in Irland anlegt. London, UK
@marcfinds

Matt Evans Landscapes
Geprüfter Landschaftsarchitekt und Gartengestalter. Bath, UK
mattevanslandscapes.com

Miria Harris
Die Farbe steht im Mittelpunkt dieses kreativen, modernen Studios. London, UK
miriaharris.com

Sarah Price Landscapes
Mehrfach preisgekrönte Gartengestalterin, bekannt für ihre von der Natur inspirierte und malerische Herangehensweise. Monmouthshire, UK
sarahpricelandscapes.com

Dank an:

The Exchange
Ein Bürgergarten in Greenwich, London, entworfen von Sarah Price und Chefgärtner Colin Stewart. The Exchange, The Old Library, Walnut Tree Road, Erith DA8 1RA
theexchangeerith.com

Dank des Autors

Mein Dank geht an Alison Starling, Jonathan Christie, David Hawkins, Sybella Stephens, Caroline West und Katherine Hockley, das Dreamteam von Octopus. An Jason Ingram, meinen Lieblingsfotografen. An The Exchange, Erith, Sarah Price, Colin Stewart, Miria Harris, Matt Evans, Conrad Batten, Tony Woods, Arthur Parkinson, Ed O'Brien, Marc O'Neill, Eleanor Pritchard, Will Cooke, BBC *Gardeners' World* magazine.

An Anne, Bill und Victoria.

Register

der volkstümlichen Namen

Register

der wissenschaftlichen Namen

Impressum

Anmerkung zur Schreibweise (Gendering): Gendergerechtigkeit und Inklusion sind bei uns gelebte Praxis – bei der Auswahl unserer Themen, bei der Recherchearbeit, in der Gestaltung. Unsere Texte meinen alle. Damit unsere Inhalte jedoch gut lesbar bleiben, verzichten wir in diesem Werk auf die jeweilige Mehrfachnennung oder Anpassung der Schreibweise bestimmter Bezeichnungen an die weibliche, männliche oder diverse Form.

Bibliografische Information der Deutschen Nationalbibliothek
Die Deutsche Nationalbibliothek verzeichnet diese Publikation in der Deutschen Nationalbibliografie; detaillierte bibliografische Daten sind im Internet über http://dnb.d-nb.de abrufbar.

First published in Great Britain in 2025 by Mitchell Beazley, an imprint of Octopus Publishing Group Ltd Carmelite House 50 Victoria Embankment London EC4Y 0DZ

Wollgrasweg 41, 70599 Stuttgart (Hohenheim)
E-Mail: info@ulmer.de
Internet: www.ulmer.de
Projektleitung: Saskia Hoen
Übersetzung: Sabine Hesemann
Lektorat: Sabine Drobik
Umschlaggestaltung: Anette Vogt, www.redsign.de, Stuttgart
Satz: Anette Vogt, www.redsign.de, Stuttgart
Printed and bound in China

ISBN 978-3-8186-2714-0

FSC www.fsc.org MIX Papier | Fördert gute Waldnutzung FSC® C008047